第一推动丛书:物理系列
The Physics Series

亚原子粒子的发现
The Discovery of Subatomic Particles

[美] 斯蒂芬·温伯格 著 杨建邺 肖明 译
Steven Weinberg

湖南科学技术出版社

图书在版编目（CIP）数据

亚原子粒子的发现 / （美）斯蒂芬·温伯格著；杨建邺，肖明译 . — 长沙：湖南科学技术出版社，
2018.1（2024.9重印）
（第一推动丛书 . 物理系列）
ISBN 978-7-5357-9509-0

Ⅰ. ①亚… Ⅱ. ①斯… ②杨… ③肖… Ⅲ. ①粒子—研究 Ⅳ. ① O572.2

中国版本图书馆 CIP 数据核字（2017）第 223913 号

湖南科学技术出版社通过英国剑桥大学出版社独家获得本书中文简体版中国大陆出版发行权。本书根据剑桥大学出版社 2003 年版本译出。
著作权合同登记号　18-2004-102

YAYUANZI LIZI DE FAXIAN
亚原子粒子的发现

著者
[美]斯蒂芬·温伯格

译者
杨建邺　肖明

责任编辑
陈刚　戴涛　吴炜　李蓓

装帧设计
邵年　李叶　李星霖　赵宛青

出版发行
湖南科学技术出版社

社址
长沙市湘雅路 276 号
http://www.hnstp.com
湖南科学技术出版社

天猫旗舰店网址
http://hnkjcbs.tmall.com

邮购联系
本社直销科 0731-84375808

印刷
长沙三仁包装有限公司

厂址
长沙市宁乡高新区泉洲北路98号

邮编
410604

版次
2018 年 1 月第 1 版

印次
2024 年 9 月第 9 次印刷

开本
880mm×1230mm　1/32

印张
10.25

字数
219000

书号
ISBN 978-7-5357-9509-0

定价
49.00 元

THE
FIRST
MOVER

总序

《第一推动丛书》编委会

科学，特别是自然科学，最重要的目标之一，就是追寻科学本身的原动力，或曰追寻其第一推动。同时，科学的这种追求精神本身，又成为社会发展和人类进步的一种最基本的推动。

科学总是寻求发现和了解客观世界的新现象，研究和掌握新规律，总是在不懈地追求真理。科学是认真的、严谨的、实事求是的，同时，科学又是创造的。科学的最基本态度之一就是疑问，科学的最基本精神之一就是批判。

的确，科学活动，特别是自然科学活动，比起其他的人类活动来，其最基本特征就是不断进步。哪怕在其他方面倒退的时候，科学却总是进步着，即使是缓慢而艰难的进步。这表明，自然科学活动中包含着人类的最进步因素。

正是在这个意义上，科学堪称为人类进步的"第一推动"。

科学教育，特别是自然科学的教育，是提高人们素质的重要因素，是现代教育的一个核心。科学教育不仅使人获得生活和工作所需的知识和技能，更重要的是使人获得科学思想、科学精神、科学态度以及科学方法的熏陶和培养，使人获得非生物本能的智慧，获得非与生俱来的灵魂。可以这样说，没有科学的"教育"，只是培养信仰，而不是教育。没有受过科学教育的人，只能称为受过训练，而非受过教育。

正是在这个意义上，科学堪称为使人进化为现代人的"第一推动"。

近百年来，无数仁人志士意识到，强国富民再造中国离不开科学技术，他们为摆脱愚昧与无知做了艰苦卓绝的奋斗。中国的科学先贤们代代相传，不遗余力地为中国的进步献身于科学启蒙运动，以图完成国人的强国梦。然而可以说，这个目标远未达到。今日的中国需要新的科学启蒙，需要现代科学教育。只有全社会的人具备较高的科学素质，以科学的精神和思想、科学的态度和方法作为探讨和解决各类问题的共同基础和出发点，社会才能更好地向前发展和进步。因此，中国的进步离不开科学，是毋庸置疑的。

正是在这个意义上，似乎可以说，科学已被公认是中国进步所必不可少的推动。

然而，这并不意味着，科学的精神也同样地被公认和接受。虽然，科学已渗透到社会的各个领域和层面，科学的价值和地位也更高了，但是，毋庸讳言，在一定的范围内或某些特定时候，人们只是承认"科学是有用的"，只停留在对科学所带来的结果的接受和承认，而不是对科学的原动力 —— 科学的精神的接受和承认。此种现象的存在也是不能忽视的。

科学的精神之一，是它自身就是自身的"第一推动"。也就是说，科学活动在原则上不隶属于服务于神学，不隶属于服务于儒学，科学活动在原则上也不隶属于服务于任何哲学。科学是超越宗教差别的，超越民族差别的，超越党派差别的，超越文化和地域差别的，科学是普适的、独立的，它自身就是自身的主宰。

　　湖南科学技术出版社精选了一批关于科学思想和科学精神的世界名著，请有关学者译成中文出版，其目的就是为了传播科学精神和科学思想，特别是自然科学的精神和思想，从而起到倡导科学精神，推动科技发展，对全民进行新的科学启蒙和科学教育的作用，为中国的进步做一点推动。丛书定名为"第一推动"，当然并非说其中每一册都是第一推动，但是可以肯定，蕴含在每一册中的科学的内容、观点、思想和精神，都会使你或多或少地更接近第一推动，或多或少地发现自身如何成为自身的主宰。

出版30年序
苹果与利剑

龚曙光

2022年10月12日

从上次为这套丛书作序到今天，正好五年。

这五年，世界过得艰难而悲催！先是新冠病毒肆虐，后是俄乌冲突爆发，再是核战阴云笼罩……几乎猝不及防，人类沦陷在了接踵而至的灾难中。一方面，面对疫情人们寄望科学救助，结果是呼而未应；一方面，面对战争人们反对科技赋能，结果是拒而不止。科技像一柄利剑，以其造福与为祸的双刃，深深地刺伤了人们安宁平静的生活，以及对于人类文明的信心。

在此时点，我们再谈科学，再谈科普，心情难免忧郁而且纠结。尽管科学伦理是个古老问题，但当她不再是一个学术命题，而是一个生存难题时，我的确做不到无动于衷，漠然置之。欣赏科普的极端智慧和极致想象，如同欣赏那些伟大的思想和不朽的艺术，都需要一种相对安妥宁静的心境。相比于五年前，这种心境无疑已时过境迁。

然而，除了执拗地相信科学能拯救科学并且拯救人类，我们还能有其他的选择吗？我当然知道，科技从来都是一把双刃剑，但我相信，科普却永远是无害的，她就像一只坠落的苹果，一面是极端的智慧，一面是极致的想象。

我很怀念五年前作序时的心情，那是一种对科学的纯净信仰，对科普的纯粹审美。我愿意将这篇序言附录于后，以此纪念这套丛书出版发行的黄金岁月，以此呼唤科学技术和平发展的黄金时代。

出版25年序
一个坠落苹果的两面：
极端智慧与极致想象

龚曙光

2017年9月8日凌晨于抱朴庐

连我们自己也很惊讶,《第一推动丛书》已经出了 25 年。

或许,因为全神贯注于每一本书的编辑和出版细节,反倒忽视了这套丛书的出版历程,忽视了自己头上的黑发渐染霜雪,忽视了团队编辑的老退新替,忽视了好些早年的读者已经成长为多个领域的栋梁。

对于一套丛书的出版而言,25 年的确是一段不短的历程;对于科学研究的进程而言,四分之一个世纪更是一部跨越式的历史。古人"洞中方七日,世上已千秋"的时间感,用来形容人类科学探求的日新月异,倒也恰当和准确。回头看看我们逐年出版的这些科普著作,许多当年的假设已经被证实,也有一些结论被证伪;许多当年的理论已经被孵化,也有一些发明被淘汰……

无论这些著作阐释的学科和学说属于以上所说的哪种状况,都本质地呈现了科学探索的旨趣与真相:科学永远是一个求真的过程,所谓的真理,都只是这一过程中的阶段性成果。论证被想象讪笑,结论被假设挑衅,人类以其最优越的物种秉赋 —— 智慧,让锐利无比的理性之刃,和绚烂无比的想象之花相克相生,相否相成。在形形色色的生活中,似乎没有哪一个领域如同科学探索一样,既是一次次伟大的理性历险,又是一次次极致的感性审美。科学家们穷其毕生所奉献的,不仅仅是我们无法发现的科学结论,还是我们无法展开的绚丽想象。在我们难以感知的极小与极大世界中,没有他们记历这些伟大历险和极致审美的科普著作,我们不但永远无法洞悉我们赖以生存的世界的各种奥秘,无法领略我们难以抵达世界的各种美丽,更无法认知人类在找到真理和遭遇美景时的心路历程。在这个意义上,科普是人类极端智慧和极致审美的结晶，是物种独有的精神文本，是人类任何其他创造——神学、哲学、文学和艺术都无法替代的文明载体。

在神学家给出"我是谁"的结论后，整个人类，不仅仅是科学家，也包括庸常生活中的我们，都企图突破宗教教义的铁窗，自由探求世界的本质。于是，时间、物质和本源，成为了人类共同的终极探寻之地，成为了人类突破慵懒、挣脱琐碎、拒绝因袭的历险之旅。这一旅程中，引领着我们艰难而快乐前行的，是那一代又一代最伟大的科学家。他们是极端的智者和极致的幻想家，是真理的先知和审美的天使。

我曾有幸采访《时间简史》的作者史蒂芬·霍金，他痛苦地斜躺在轮椅上，用特制的语音器和我交谈。聆听着由他按击出的极其单调的金属般的音符，我确信，那个只留下萎缩的躯干和游丝一般生命气息的智者就是先知，就是上帝遣派给人类的孤独使者。倘若不是亲眼所见，你根本无法相信，那些深奥到极致而又浅白到极致，简练到极致而又美丽到极致的天书，竟是他蜷缩在轮椅上，用唯一能够动弹的手指，一个语音一个语音按击出来的。如果不是为了引导人类，你想象不出他人生此行还能有其他的目的。

无怪《时间简史》如此畅销！自出版始，每年都在中文图书的畅销榜上。其实何止《时间简史》，霍金的其他著作，《第一推动丛书》所遴选的其他作者的著作，25年来都在热销。据此我们相信，这些著作不仅属于某一代人，甚至不仅属于20世纪。只要人类仍在为时间、物质乃至本源的命题所困扰，只要人类仍在为求真与审美的本能所驱动，丛书中的著作便是永不过时的启蒙读本，永不熄灭的引领之光。

虽然著作中的某些假说会被否定，某些理论会被超越，但科学家们探求真理的精神，思考宇宙的智慧，感悟时空的审美，必将与日月同辉，成为人类进化中永不腐朽的历史界碑。

因而在25年这一时间节点上，我们合集再版这套丛书，便不只是为了纪念出版行为本身，更多的则是为了彰显这些著作的不朽，为了向新的时代和新的读者告白：21世纪不仅需要科学的功利，还需要科学的审美。

当然，我们深知，并非所有的发现都为人类带来福祉，并非所有的创造都为世界带来安宁。在科学仍在为政治集团和经济集团所利用，甚至垄断的时代，初衷与结果悖反、无辜与有罪并存的科学公案屡见不鲜。对于科学可能带来的负能量，只能由了解科技的公民用群体的意愿抑制和抵消：选择推进人类进化的科学方向，选择造福人类生存的科学发现，是每个现代公民对自己，也是对物种应当肩负的一份责任、应该表达的一种诉求！在这一理解上，我们不但将科普阅读视为一种个人爱好，而且视为一种公共使命！

牛顿站在苹果树下，在苹果坠落的那一刹那，他的顿悟一定不只包含了对于地心引力的推断，也包含了对于苹果与地球、地球与行星、行星与未知宇宙奇妙关系的想象。我相信，那不仅仅是一次枯燥之极的理性推演，也是一次瑰丽之极的感性审美……

如果说，求真与审美是这套丛书难以评估的价值，那么，极端的智慧与极致的想象，就是这套丛书无法穷尽的魅力！

对本书第一版的评论

温伯格……在把深奥难懂的科学知识解释得清晰和美丽动人方面，是一位老手，这本书也同样如此。建构物质的砖块——从电子直到μ子、π介子、重子和粲夸克——在他的手中，都成了如此具有智慧的宝石磨粉。

《波士顿环球报》(*The Boston Globe*)

人们不可能不被这本书感动。

《新科学家》(*New Scientist*)

一些最伟大的科学家能把他们研究的内容，熟练地解释给科学知识不多的读者，使他们明白，这是很幸运的事情。爱因斯坦、爱丁顿和费曼已经这样做了，而且广为人知；斯蒂芬·温伯格，一位诺贝尔奖获得者和现代著名的理论家，也属于这个行列……（这本书）对下一代物理学家肯定会起到很好的激励作用。

《美国物理杂志》(*American Journal of Physics*)

一个新探索漂亮的范例，它使懂得科学知识不多的读者可以获得更多的物理学知识。

《今日物理》(*Physics Today*)

温伯格让读者获得从库仑到法拉第的有关电力的简要历史知识，使他们能够根据第一原理计算偏转。十分令人注目的是，这种比较容易获得物理学基本思想的道路，是十分成功的……这本书以及其中珍贵的照片，使人想起温伯格较早期的优秀科普著作《最初三分钟》。

伦敦《泰晤士报》（**The Times, London**）

这本书的成功，不仅仅在于它讲述了许多现代和经典物理学的重要结果，而且在于它给出了19—20世纪物理学所完成这些业绩的风格和特点。

《科学》（**Science**）

卡文迪许实验室（Cavendish Laboratory）教职员工与学生（1933年）（从左到右）
顶排：W. J. Henderson, W. E. Duncanson, P. Wright, G. E. Pringle, H. Miller
第二排：C. B. O. Mohr, N. Feather, C. W. Gilbert, D. Shoenberg, D. E. Lea, R. Witty, Halliday, H. S. W. Massey, E. S. Shire
第三排：B. B. Kinsey, F. W. Nicoll, G. Occhialini, E. C. Allberry, B. M. Crowther, B. V. Bowden, W. B. Lewis, P. C. Ho, E. T. S. Walton, P. W. Burbidge, F. Bitter

第四排：J. K. Roberts, P. Harteck, R. C. Evans, E. C. Childs, R. A. Smith, G. T. P. Tarrant, L. H. Gray, J. P. Gott, M. L. Oliphant, P . I. Dee, J. L. Pawsey, C. E. Wynn-Williams

坐者：_____Sparshott, J. A. Ratcliffe, G. Stead, J. Chadwick, G. F. C. Searle, Profe-ssor Sir J. J. Thomson, Professor Lord Rutherford, Professor C. T. R. Wilson, C. D. Ellis, Professor Kapitza, P. M. S. Blackett,_____Davies

序言

斯蒂芬·温伯格

1982 年 **5** 月于得克萨斯州，
奥斯汀

    1980年春，我在哈佛大学开了一门课，作为新的公共基础课程的一部分；1981年，作为访问学者，我在得克萨斯大学又讲了一次。这本书就是根据这门课的讲稿编写的。简言之，开设这门课程的目的是让原来没有受过数学和物理学训练的学生，能够了解20世纪物理学的伟大成就。为了让学生们更好地理解这些更为近代的新发展，我在适当的地方插入了一些经典物理学的背景知识——力学、电磁学和热学等知识。我觉得这门课程开设的效果不错，因此有了将讲稿整理成一本教科书的想法，但却因没有时间不能如愿。弗里曼公司（W. H. Freeman Company）的奈尔·帕特森（Neil Patterson）请我把这门课程中有关20世纪物理学内容的第一部分，作为《科学美国人》（*Scientific American*）新丛书的一种，献给它的读者，于是这本书就问世了。或许在今后的各卷中，我能完成从本书开始的对20世纪物理学的介绍。

    本书介绍了构成所有原子的基本粒子的发现，这些基本粒子包括电子、质子和中子。叙述的基本原则是既遵循历史的大轮廓，又与历史的顺序有明显的不同。大多数有关科学史的书籍是为以下两类读者写的：一类是不熟悉这门基础科学的一般读者，因此在历史的描述上只能是粗线条的和内容肤浅的；另一类是熟悉这门科学的专业读者，结果写得让那些不熟悉这门科学的人望而却步。我写的这本书是为这类读者写的：他们可能不熟悉经典物理学，但愿意掌握一些必要的知识，以便今后在有机会深造时能理解构成20世纪物理学历史中思想和实验的饶有趣味的纠缠、争论。这方面的种种背景知识，我都在"背景知识回顾"中做了适当的说明，例如电的本质、牛顿运动定律、电力和磁力、能量、相对原子质量等。通过这些背景知识回顾，读者可以了解接着要讲的重点问题的历史要点。

　　在这里我想透露（反正没有人阅读序言）一点秘密，正是在这些背景知识回顾和散布在某些章节中的背景材料中，反映了我写这本书的个人动机。像许多科学家一样，我也认为科学上的发现属于20世纪文化最珍贵的部分。可是，有很多在其他方面受过良好教育的人，因为不熟悉科学的基础而与文化的这一部分隔绝了，在我看来这近乎是一个悲剧，令人痛心。不过，教育上出现这样一块空白并不足为奇。一般来说，有志于精通物理学的大学生或读者，唯一的途径是他（或她）必须从历代职业科学家学过的和由来已久的系列课程开始，循序渐进地学下去：先学力学，然后是热学、电磁学、光学，最后学一点"现代物理学"作为应景的点缀。对那些打算成为物理学家的大学生来说，这可能是一条颇为理想的路，但对很多其他不想成为物理学家的人来说，这似乎是一条走不通的死胡同。这种看法不是没有道理。物理学家是一群古怪的人，总是热衷于按在标准物理学课程中学会的方法计算：计算弹子球碰撞、导线中的电流、望远镜中光的路径。希望所有的学生和读者都以这种方法学习是不合情理的，就像让那些不准备弹钢琴的人去练指法一样。在我看来，当人们尝试为一般读者编写物理学基础知识读物时，最大的障碍就是这个写作动机的问题。

我处理这个问题的出发点是先假定：无论读者是不是喜欢计算弹子球的碰撞，但他们确实希望具有我们时代革命的科学思想和科学发现的文化背景。因此在这本书里，我没有从长篇大论的经典物理学导论开始，而是让读者直接进入20世纪物理学的一系列关键的专题，并以这些专题作为引线，让读者迅速掌握理解这一专题所需的经典物理学的各种概念和方法。例如第一个专题讲的是第一个基本粒子——电子的发现。为了让读者弄懂J. J. 汤姆孙（J.J.Thomson）和其他人的导致这一发现的一些实验，读者就必须先掌握牛顿运动定律、能量守恒定律和电磁力理论。下一个专题讲的是原子大小的测量，在这里读者将学到更多的力学知识，也将学到一点化学知识，如此等等。这种写法的要点是：仅当读者为了理解20世纪物理学的进展，必须了解与之相关的经典物理学和化学的知识时，我才向读者介绍这些知识。

像本书以这样的次序来引入物理学基本原理，显然不可能是物理学家们习以为常的逻辑顺序。例如，动量的概念通常是与能量一起讲的，而在这本书里则到讲述原子核的发现时才需要用到动量，因此在这之前我一直没有介绍动量这个概念。对内容做这样的重新安排，我并不认为是一种弊端。因为从我个人的经历来看，我所学到的大部分物理学和数学知识，大多是由于工作的需要而别无选择时才学到的。我想大多数科学家都是这样的。因此，我选择的这种写法更接近于在职科学家所受的实际教育，而不同于为专业知识教学而写的大学生课本。

我还希望我的这种写法有助于从根本上改变把科学传授给一般读者的方法。至于我的希望能否实现，这种写法是否有效，那将由时间和读者来判定。如果效果好，我就会继续编写20世纪物理学丛书，其中下一本将在本书所涉及的经典物理学基础上，讨论相对论和量子论。

　　这本书是写给那些没有科学知识背景而对数学只懂得算术的普通读者们的，因此在正文中我基本上只用文字表述，仅仅列出了几个最重要的公式，而且没有使用抽象的符号。那些习惯于代数方法的读者，可以参看附录，那儿提供了用文字表述的推理和计算。

　　尽管本书主要是为一般读者写的，但它也许有一些使我的同行们感兴趣的地方。我所描述的伟大科学家生长的土壤，也会是我们发芽、生长和丰收之源。我在哈佛大学和得克萨斯大学开始学习物理学的时候，对20世纪物理学的早期历史只有非常模糊的认识。我想，我的许多物理学界的同行也是这样。我希望科学家们能发现本书提供的某些史实具有启发意义，即使不是物理学方面的。

　　我同样希望这本书对研究科学史的学生和专家有用。不过有一点得请他们原谅：我不可能在这样小小的一本书中，对发生在20世纪物理学革命中丰富而复杂的诸多因素做全面的判断。我所能够做的只是提供几个关键性的实验发现和理论发现，由此使我有机会解释经典物理学和现代物理学的要点。我将努力使历史事实准确，但材料的选择和叙述的顺序不仅要考虑历史的顺序，还必须服从于科学的解释。我并没有想把这本书写成一本对科学史有贡献的书。在写这本书的时候，我读了汤姆孙、卢瑟福（E. Rutherford）、密立根（R. Millikan）、莫斯莱（H. G. J. Moseley）和查德威克（Sir James Chadwick）等人的一些经典文章，但大部分内容还是取自第二手材料，这些材料都附在书后的参考书目中。在每一章后面所附的注释中，列出了正文中讨论的一些经典论文以及我写作时主要参考的近代著作。

我衷心感谢霍华德·博耶（Howard Boyer）、安德鲁·库德拉西克（Andrew Kudlacik）、奈尔·帕特森和杰拉德·皮尔（Gerard Piel），他们仔细阅读了本书手稿并给予了友好的合作。还应该感谢艾登·凯利（Aidan Kelly），他精心校对了本书，提出了许多有益的建议。在哈佛大学第一次讲授这门课程时，保罗·班伯格（Paul Bamberg）曾提供了很有价值的帮助。我还要真诚地感谢伯纳德·科恩（I. Bernard Cohen）、伽利亚昂（Peter Galiaon）、霍尔顿（Gerald Holton）、米勒（Arthur Miller）和皮帕德（Brian Pippard），他们耐心地阅读了本书的各个章节，并给出评注，这使我避免了很多史料上的错误。

^{xv} **再版前言**

斯蒂芬·温伯格
2002 年 **9** 月于得克萨斯州，
奥斯汀

费曼（Richard Feynman）有一次说，他不懂为什么媒体和其他一些人在对早些时的发现一无所知的情形下，却总想知道物理学最近的一些发现，而我们只有知道了早期的发现才能知道最近发现的意义。这本书大部分讲述的是较早期的一些发现，特别是有关构成普通原子（ordinary atoms）的一些粒子的发现：电子、质子和中子。我也利用这些发现的故事顺势引入更早期的一些发现，包括运动、电学、磁学及热学的一些定律。事实上，我无意写一本为读者提供最近的物理学新消息的休闲读物。

但是，如果不把本书的历史发现的主题与今日基础物理工作联系起来，将会十分遗憾。因此我利用本书再版的机会指出这些连接点——例如马斯登-盖革实验（Marsden-Geiger experiment）揭示原子核存在和20世纪60—70年代证实夸克（quark）存在的实验之间的关联；还有，利用密立根测量电荷的技术在现代物理研究中寻找自由夸克和其他一些外来粒子（exotic particles）。我也把较早一些物理学家的工作，如麦克斯韦（James Clerk Maxwell）的电磁统一理论，对今日正试图完成的统一理论提供了一个范式（paradigm）做了解释。在最后一章，我增加了最近基本粒子发现的事例，也讨论了新的实验设备可能发现的一些粒子。

　　此次修订版由剑桥大学出版社出版似乎特别合适，因为大部分在本书中描述的亚原子粒子的发现，都是在剑桥大学卡文迪许实验室 _{xvi}（Cavendish Laboratory）完成的。

献给伊丽莎白

目录

1 **第1章
粒子世界**

　　当人们抓起一把沙子认真观察其中的微小颗粒的时候,有多少人会想到构成各种形式的物质,竟是由更精细更坚硬的颗粒组成?明确地陈述物质是由不可分割的原子(原子来源于希腊文ατομοσ,原意是"不可分割的")组成的这种说法,可追溯到公元前5世纪后半叶时的色雷斯(Thrace)海岸的古城阿布德拉(Abdera),在这儿出了希腊哲学家留基伯(Leuci-ppos)和德谟克利特(Democritus)。他们告诉学生说,所有物质都由原子和虚空(empty space)组成。

　　阿布德拉城现在成了一片废墟,没有留下留基伯的文章;德谟克利特的著作,也只留下少得可怜的只言片语。但是,他们的原子论的观念却留传了下来,两千多年来反复被人们引用。这一观念帮助人们理解了许多日常观察到的现象;如果人们认为物质连续地充满了它所占有的空间,这些现象就会让人百思不得其解。例如,取一些盐溶解于一碗水里,用原子论就很容易解释这一现象:组成盐的原子分散到水原子之间的虚空中去了。难道有比这更好的解释吗?再例如,一滴油滴在水面上,它将扩散到一定的面积后才终止扩散,用原子论很容易解释这种常见的现象:薄薄的油膜一直扩散到只有几个原子的厚度的时候,才终止扩散。

现代科学诞生后，原子的观念已经成为物质定量理论的基础。17世纪的时候，艾萨克·牛顿（Issac Newton，1642—1727）就尝试用气体原子冲入虚空来解释气体的膨胀。更有影响的解释是由约翰·道尔顿（John Dalton，1766—1844）在19世纪初作出的，他利用化学元素原子的相对质量，解释了化学元素有固定质量比的难题。

19世纪末，原子的观念已经为大多数科学家所熟悉，但也仅仅是熟悉，并没有被普遍接受。在英国，科学家们倾向于使用原子理论，[2]其部分原因是受到牛顿和道尔顿传统的影响。与此相反，原子理论在德国却受到顽强的抵制。真正怀疑原子论的物理学家和化学家并不是很多，但由于以维也纳的恩斯特·马赫（Ernst Mach，1836—1916）为首的经验主义哲学学派的影响，他们中的许多人不敢把不能被直接观察到的东西——例如原子，写进他们的理论中。但也有一些德国科学家，例如伟大的理论物理学家路德维希·玻耳兹曼（Ludwig Boltzmann，1844—1906）利用原子假说建立诸如热现象之类的理论，但却因此不得不忍受同事们的非难。据说，就是因为马赫的追随者反对玻耳兹曼的工作，导致玻耳兹曼1906年自杀。

在20世纪前10年，这一切都改变了。奇妙的是人们普遍接受物质的原子本性这一观念，却是因为发现了组成原子的电子（electron）和原子核，而这些发现却动摇了原子不可分割的老观念。阐述这些发现就是本书的主题。不过，在此之前，让我们先回顾一下现在关于原子组分的理解。这一章只是一个简单的回顾，以后各章还会有更详细的讨论。

任何原子的绝大部分质量都集中在原子核里，它位于原子的中心处，小而致密，带有正电荷。在原子核的周围有若干电子在轨道上绕核旋转，电子带负电荷。由于静电吸引力，电子被维持在轨道上绕转。电子的转道半径约为10^{-10}米[1]（这一长度单位被称为"埃"，angstrom）；原子核要比这小得多，典型的直径大约是10^{-15}米（这一长度单位被称为"费米"，fermi）。每种化学元素都由某些特定原子组成，它们所包含的电子数目也各不相同，由此构成了各种彼此不同的化学元素。例如，氢原子含有一个电子，氦原子含有两个电子，如此等等，直到鿏（meitnerium）有109个电子。原子可以通过借用、交换或分享它们的电子而结合成较大的集团——分子；每种化合物都由一类特定的分子组成。在通常的情形下，当原子或分子中的电子被激发到能量较高的轨道上或跌落到较低能量的轨道上时，就会分别吸收或发射可见光。电子也可以摆脱原子的束缚，并且可以在金属导线中运动而产生通常所说的电流。

在上述的所有化学、光学和电学现象中，原子核实际上是不变的。然而，原子核自身也是由固定成分（质子和中子）组成的一个复合系统（composite system）。质子的质量是1.6726×10^{-27}千克；中子的质量稍大一点，是1.6750×10^{-27}千克；电子的质量则小很多，是9.1094×10^{-31}千克。原子核里的质子和中子也可以像绕核旋转的电子一样，被激发到较高的能量状态，但是激发核内核粒子所需要的能量，一般是激发原子外层电子的100万倍。

所有普通物质都是由原子构成，而原子又是由质子、中子和电子

1.关于科学符号，在本章的末尾"附：科学的幂符号"中有讨论。

构成。然而，如果由此得出结论说，质子、中子和电子是构成物质的全部基本实体，那就错了。电子只是被称为"轻子"（lepton）的粒子家族的一个成员，现在已知的轻子家族成员大约有6种。质子和中子则是"强子"（hadron）这个更大家族的成员，现在已经知道的强子有几百种。电子、质子和中子有相对的稳定性，正是这一特性使它们成为普通物质的基本组分。人们相信电子是绝对稳定的，质子和中子束缚在原子中时其寿命至少是 10^{30} 年。除了少数几种粒子以外，其他所有粒子的寿命都非常短，因此在现在的宇宙中非常罕见。（其他仅有的稳定粒子的质量和电荷，要么为零，要么只有很小的值，因而不能被俘获而进入原子或分子中。）

现在人们都相信，质子、中子和其他强子自身也是复合粒子，由被称为夸克（quark）的更基本的组分构成。一个质子由3个夸克组成，其中2个被称为"上"夸克（"up" quark），另一个被称为"下"夸克（"down" quark）；而一个中子则由2个下夸克和1个上夸克组成。还有4种其他类型的夸克，但由于它们太不稳定，所以在一般物质中没有它们的踪迹，但有证据显示，某些恒星是由数量相等的上夸克、下夸克和被称为"奇异"夸克（strange quark）的第三种夸克组成。到目前为止，人们确信电子和轻子家族的其他粒子，才是真正的基本粒子。但是，不论是不是基本粒子，构成普通原子的粒子——质子、中子和电子都是本书将要讨论的对象。

正像古代阿布德拉城象征着原子论诞生地一样，也有一个地方会使人们想起原子组分的发现，这个地方就是剑桥大学的卡文迪许实验室（图1-1）。在那儿，约瑟夫·约翰·汤姆孙（1856—1940）于

1897年做了阴极射线的实验。正是这个实验使他得出一个结论：存在一种粒子，即电子，它既是电的携带者，又是所有原子的一种基本构成部分。1895—1898年，也是在卡文迪许实验室，恩斯特·卢瑟福

4

图1-1 剑桥卡文迪许实验室的外貌，从麦克斯韦时代起一直就是这样。目前这座楼房已由剑桥大学改作他用，卡文迪许实验室迁到了更现代化的建筑中

（1871—1937）开始了放射性研究；1919年，在他发现了原子核之后，他又返回卡文迪许实验室，继汤姆孙之后任该实验室的实验物理学教授，并由此奠定了卡文迪许实验室长期以来成为卓越核物理研究中心的基础。1932年，当詹姆斯·查德威克（1881—1974）在卡文迪许实[5]验室发现了中子以后，原子的全部组分都在这个实验室找到了。

　　我在1962年春天第一次访问卡文迪许实验室。那时我还是一个年轻的物理学家，作为加利福尼亚大学伯克利分校的学者，到伦敦进行为期一年的短期学术访问。那时，卡文迪许实验室还在自由学校巷（Free School Lane）原来那栋灰色石砌的楼房里，自1874年以来它一直矗立在那儿。这块地皮是剑桥大学在1786年购买下来作为植物园用的。我记得，它像一座拥挤不堪的公寓，各个狭小的房间由狭窄的楼梯和走廊彼此连接，这与加利福尼亚大学宏伟的辐射实验室（Radiation Laboratory）完全不同。加利福尼亚大学辐射实验室坐落在伯克莱的小山上，从它的向阳面可以俯瞰整个海湾。卡文迪许实验室给人的印象是：它不像是对大自然秘密发动过大规模攻击的场地，而像是一个由于资源限制而作游击战的地方。在那里，主要的进攻武器是天才人物的机智、聪明和勇敢。

　　卡文迪许实验室的建立，缘起于1868—1869年冬天剑桥大学委员会的一个报告，报告谈到如何在剑桥找一处地方建立一个物理实验室。那时正是人们热衷实验科学的时代。在柏林，一座大规模的新物理实验室已经开始启用，在牛津和曼彻斯特也正在建造大学实验室。尽管（或可能由于）剑桥大学在数学方面有优秀杰出的传统，这一传统可以追溯到17世纪卢卡西数学教授（Lucasian Professor of

Mathematics），但在实验方面它从没有起过主导作用。当时经验主义正势头颇旺，因此大学委员会倡议设立一个新的实验物理教授职位，并建立一座大楼，为物理学家们提供讲演和实验的场所。

剩下的问题是筹集资金和寻求一位教授。第一个问题很快就解决了。当时剑桥大学的校长威廉·卡文迪许（William Cavendish）是德文郡七世公爵，在他的家族里出现过一位著名的物理学家亨利·卡文迪许（Henry Cavendish, 1731—1810），他是第一个在实验室里测量物体之间万有引力的人。德文郡七世公爵在剑桥大学读书时，数学成绩就惊人地出色，后来在兰开夏（Lancashire）钢铁工业上做得更出色，发了财。1870年10月，他写信给剑桥大学副校长，表示愿意提供大约6 300英镑的资金建立一座实验大楼和购置实验仪器。1874年实验大楼竣工时，德文郡七世公爵收到了一封用拉丁文写给他的感谢信，信中建议以卡文迪许家族的姓来命名这个实验室。

人们开始希望威廉·汤姆孙爵士（Sir William Thomson, 1824—1907，即后来的开尔文勋爵——Lord Kelvin）担任第一任卡文迪许教授，他是当时英国最有名气的实验物理学家。然而他不愿意离开格拉斯哥（Glasgow），于是这个教授职位就由另一位苏格兰人麦克斯韦（James Clerk Maxwell, 1831—1879）担任，当时他39岁，隐居在格伦纳尔（Glenair）他的庄园里。

6　　人们普遍认为，麦克斯韦是牛顿和爱因斯坦（Albert Einstein, 1879—1955）之间最伟大的物理学家，但是把他聘为实验物理教授则是一件奇怪的事情。虽然他对色的感觉差异和电阻做过一些实验

（他的夫人做助手），但他的伟大名声几乎全是因于他的理论研究。他最重要的理论研究是他建立了描述电磁现象的方程组，然后利用这个方程组预言了电磁波的存在，并由此解释了光的本性。尽管麦克斯韦的成就为卡文迪许教授职位增添了很高的威望，但在他的任期内，卡文迪许实验室并没有成为实验物理学的领导中心。例如，实验上证实电磁波的存在不是在卡文迪许实验室完成的，而是由德国物理学家亨利希·赫兹（Heinrich Hertz，1857—1894）在德国的卡尔斯鲁厄（Karlsruhe）完成的。

1879年麦克斯韦去世以后，校方再一次邀请威廉·汤姆孙担任实验物理学教授，但他再次谢绝。于是这个职位授给了约翰·威廉·斯特拉特（John Willian Strutt，1842—1919），即瑞利勋爵三世。瑞利既是天才的理论家（虽不及麦克斯韦），又是一位天才的实验家，他研究过大量各种不同的物理问题。即使在今天，当人们遇到流体力学或光学问题时，在他的著作中寻求解决的答案仍然不失为好的办法。在瑞利任职期间，卡文迪许实验室的规模仍然很小，大部分研究工作是瑞利自己的工作，但也有了重大的改进。例如购进了一些新的仪器，重新组织了教学工作，开办了一个小工厂，并且从1882年初开始，允许妇女与男人在同等条件下工作。1884年，瑞利辞去了卡文迪许教授的职位，不久后接受了伦敦皇家研究院（Royal Institution）比较清闲的教授职位。

人们再次建议威廉·汤姆孙（这时已经是开尔文勋爵）接受卡文迪许教授的职位，但是开尔文勋爵仍然不愿离开格拉斯哥。于是候选人在格拉策布鲁克（R. T. Glazebrook）和肖（W. N. Shaw）之间选择。此前为演讲和实验准备仪器的工作，大部分是这两个人完成的。但这个教授的职位最后却给了一个主要是有数学天才的年轻人 —— J. J. 汤姆孙，这让几乎所有的人大吃一惊。虽然不清楚做出这种选择是否有什么充分的原因，但是这的确是一个很正确的选择。汤姆孙听从瑞利的建议，开始在阴极射线的研究方面进行他的划时代的实验研究。更了不起的是，在他指导下，卡文迪许实验室蓬勃兴旺起来。大批有才干的实验物理学家来到这儿工作，其中包括1895年由新西兰来的一个年轻人 —— 卢瑟福。那个发现原子组分的舞台，现在已经搭建起来了。

附：科学的幂符号

　　原子和亚原子粒子非常小，在任何一块普通物质中都存在着数目极大的原子和亚原子。如果我们不使用一套"科学的"或"幂次的"（exponential）符号来表示非常大或非常小的数目，我们就没有办法讨论它们。这套符号是以10的幂次来标记的：10^1是10；10^2是10×10，或100，以此类推。另外，10^{-1}是10^1的倒数，即0.1；10^{-2}是10^2的倒数，即0.01，以此类推。也就是说，10^n是1后面有n个0，而10^{-n}是小数点后面有$n-1$个0再写上一个1。表1-1是10的幂次表，并附有表示这些幂的美国名称和标示它们的词头。[1]（这儿说"美国名称"是因为在英国10^{12}是billion，10^9是milliard。）例如：10^3克是1千克；10^{-2}米是1厘米；而10^{-3}安培是千分之一安培。这些科学符号最大的好处不只是方便书写，例如quadrillionth是千万亿分之一，现在只写10^{-15}就行了，而且这套符号大大方便了计算。如果我们要计算10^{23}乘以10^5，只需将各自的幂次相加即可，于是答案是10^{28}；同样，我们要求10^{23}乘10^{-19}——即10^{23}除以10^{19}，我们仍然把它们的幂次相加，于是答案是10^4。

---

1. 表中"中文名"一栏是本书译者另加的 —— 译注。

表1-1   **10的幂次表**

10的各次幂	英文名（美）	词头	中文名
10^1	ten	deka	十
10^2	hundred	hecto	百
10^3	thousand	kilo	千
10^6	million	mega	兆
10^9	billion	giga	吉
10^{12}	trillion	tera	太
10^{-1}	tenth	deci	分
10^{-2}	hundredth	centi	厘
10^{-3}	thousandt	hmilli	毫
10^{-6}	millionth	micro	微
10^{-9}	billionth	nano	纳
10^{-12}	trillionth	pico	皮
10^{-15}	quadrillionth	femto	飞

一般规则是：10的各次幂相乘，幂次相加；相除时幂次相减。按照这一规则，10的任何次幂除以10的同次幂将得到10的零次幂，所以 10^0 定为1。另外，当我们要计算一些不单是10的某次幂的数字时，我们就会把这个数字表示为1和10之间的一个数字，然后乘以10的某次幂。例如，186 324写成 1.86324×10^5，0.0005495写成 5.495×10^{-4}。当这样的数字相乘或相除时，将幂次前面的数字相乘或相除，然后按上面说的一般规则处理幂的次数。例如，1.86324×10^5 乘以 5.495×10^{-4}，先算 $1.86324 \times 5.495 = 10.238 = 1.0238 \times 10^1$，后算 $10^5 \times 10^{-4} = 10^1$；然后把两部分合在一起，得到答案是：$1.0238 \times 10^2$。现在，这套科学的符号用得极为普遍，从《科学美国人》上发表的文章到不足20美元（2×10^1 美元）的计算器，都使用这套符号，所以我在本书中也将毫无拘束地使用它们。

第 2 章
电子的发现

20世纪以来，人们逐渐认识到，所有物质都由少数几种基本粒子（elementary particle）构成，基本粒子是一些不能再进一步分割的微小单元。基本粒子的名单在20世纪已经改动了好多次，这是因为物理学家常常发现一些新的粒子，结果发现一些旧粒子并不是基本的粒子，而是由更基本的成分构成。按最新的统计，已知的基本粒子有16种。尽管名单在不断改动，但有一种基本粒子始终榜上有名，它就是电子。

电子是第一个被清楚识别出的基本粒子。迄今为止，它也是远比其他粒子轻得多的粒子（除了几种几乎没有质量的中性粒子以外），并且是少数的几种不衰变为其他粒子的粒子之一。由于它质量小、带有电荷和稳定，因此它对物理学、化学和生物学具有独特的重要性。导线中的电流就是电子的流动，电子还参与使太阳发光发热的核反应。更重要的是，宇宙中每个正常原子（normal atom）都由一个致密的核心（原子核）和绕它转动的电子云（cloud of electrons）构成。不同化学元素性质上的差异，几乎完全取决于原子中所含电子的数量。把原子聚集成任何物质的化学力，正是每个原子中的电子与另一些原子的原子核的吸引力。

图2-1　J.J.汤姆孙

　　人们通常认为，电子的发现应归功于英国物理学家汤姆孙（Joseph John Thomson, 1856 — 1940，见图2-1），这是很公正的。1876年，汤姆孙作为享受奖学金的大学生就读于剑桥大学。1880年，他在竞争激烈的数学荣誉学位考试（mathemati-cal "tripos" examination）中荣获第二名，为此他荣获三一学院（Trinity）—— 牛顿曾执教的剑桥大学老学院的会员资格，他在此后的60年中一直保持该会员的资格。汤姆孙早期主要从事数学研究，没有取得突出的成就。所以当他 1884年被选为卡文迪许实验物理教授时，他自己都有点受宠若惊。但正是由于他从1884年到1919年在卡文迪许实验室从事的实验研究以及他对实验室的领导，他对物理学做出了最伟大的贡献。实际上，他并不擅长实验操作。他的一位早期助手在回忆中说："汤姆孙的手指很笨拙，我觉得没有必要鼓励他去操作仪器。"他的天才在于他能够在任何时候都清楚：下一步要解决的问题在哪儿。对理论家和实验家来说，这是至关重要的才干。

从有关汤姆孙的记述中，我可以断定他的同事和学生都热爱他。毫无疑问，他获得了很高的荣誉：1906年获得诺贝尔奖，1908年得到骑士（Knighthood）称号，1915年当选皇家学会主席。第一次世界大战期间，他是英国调查研究部（Board of Investigation and Research）的成员，为英国服务；1918年被任命为三一学院的院长，直到去世前不久，他一直担任这一职务。去世后他葬在威斯敏斯特教堂（Westminster Abbey），离牛顿和卢瑟福的墓地不远。

汤姆孙在出任卡文迪许教授后不久，就开始研究稀薄气体中放电现象的本质，特别是所谓阴极射线（cathode rays）的放电。这些壮观 [11]的现象本身就够有趣的了，但在研究中又把汤姆孙带到一个更有趣的研究领域 —— 电的本质。1897年，汤姆孙把他的研究结果发表于3篇论文中[1]，指出电流就是电子的流动。

在仔细讨论汤姆孙的研究之前，让我们先回顾一下早期为理解电本质而做的诸多努力。

背景知识回顾：电的本质[1]

人们很早就知道，当琥珀与毛皮摩擦以后，琥珀便具有吸引发

---

1. 这是一个人们常常说起的故事，我在这里完全是根据第二手资料提到它。我之所以提到这个故事，是因为在正确了解阴极射线实验时，我们必须知道关于电已经了解了哪些以及哪些还不知道。

屑和其他细小物体的能力。古希腊哲人柏拉图（Plato）在他的对话集《蒂迈欧篇》（*Timaeus*）中提到"琥珀的吸引力的奇观"。[2] 到中世纪早期，人们逐渐知道其他材料也有这种能力，例如被称为煤玉（jet）的压缩煤。最早用文字记载煤玉具有吸引细物能力的人，可能是英国的修道士，可敬的比德（the Venerable Bede，673—735）。他还研究过潮汐，计算过未来几个世纪的复活节（Easter）日期，还写了世界知名的历史巨著《英国人宗教史》（*The Ecclesiastical History of the English*）。在这本史书中，比德在写到煤玉时说："煤玉像琥珀，当摩擦而被加热时，能黏住靠近它的东西。"[3]（在这里，比德混淆了摩擦本身和它所产生的热。18 世纪之前，这种混淆时常出现。）英国医生威廉·吉尔伯特（William Gilbert，1544—1603）发现，其他材料如玻璃、硫黄、石蜡、钻石也具有类似的性质。吉尔伯特曾经担任皇家医学院（Royal College of Surgeons）院长以及伊丽莎白一世和詹姆斯一世的宫廷医生。正是吉尔伯特仿照琥珀的希腊字 ηλ εκτρον，将"电"（electric）引入，[4] 在他的拉丁文课本中用的是 electrica。

在如此多种物质材料上观察到电引力现象，人们自然会想到，电并不是物质本身的固有属性，而是当物体相互摩擦时产生和流动的一种流质（吉尔伯特称它为"磁素"——effluvium），它在扩散时就会吸引附近物体。斯蒂芬·格雷（Stephen Gray，1667—1736）发现电可以传导，因而支持了吉尔伯特的见解。1729 年，伦敦卡尔特修道院的"穷教友"格雷在写给皇家学会某些会员的信中写道，如果把摩擦过的玻璃管与其他物体直接接触，或通过细线与其他物体接触，玻璃管的"电性"可以传给别的物体，从而使"别的物体具有与玻璃管同样的吸引和排斥轻小物体的性质"。[5] 显然，无论电可能是什么，它都可以与产生它的物质分开。但是，当人们发现带电物体可以吸引或排斥其他带电物体时，关于电本质的问题变得复杂了，随即就提出这样一个问题：究竟是只有一种电还是有两种电？

最早观察到电有排斥性的人中，有尼古拉·卡比欧（Niccolo Cabeo，1586 — 1650）[6]和弗朗西斯·豪克斯比（Francis Hauksbee，1666 — 1713），后者受雇于伦敦皇家学会，是一位科学实验的演示员。在1706年与皇家学会的通信中，豪克斯比写道，当玻璃管因摩擦而带电以后，它先是吸引铜屑，但当铜屑接触玻璃管以后，又会受玻璃管排斥而离开。

进一步揭示电的复杂性的是法国科学家夏尔-弗朗索瓦·德·西斯特尼·迪费（Charles-Francois de Cisternay Du Fay，1698 — 1739），他是18世纪最多才多艺的科学家之一。他是法国科学院的化学家，还担任加汀皇家植物园（Jardin Royal des Plantes）管理员。说他多才多艺，是因为在几乎所有可以想象得到的课题上，他都有论述，例如几何、消防泵（fire pumps）、人工钻石、磷光、石灰熟化、植物和露水等。1733年，在得知格雷的实验以后，他开始研究电。他很快就观察到，接触带电玻璃管的金属屑互相排斥（正如卡比欧和豪克斯比的观察一样），但却可以吸引与带电松香、硬柯巴脂接触过的金属屑。迪费的结论是："有两种彼此完全不同的电，一种是玻璃电（vitreous electricity，来自拉丁文vitreus，即玻璃态 —— glassy的意思），一种是树脂电（resinous electricity）。"[7]当玻璃、水晶或钻石之类的物质受到摩擦，特别是用丝绸摩擦之后，产生"玻璃电"；当琥珀或硬柯巴脂之类的树脂受到摩擦，特别是用毛皮摩擦后，产生"树脂电"；与此同时，用来摩擦玻璃的丝绸获得树脂电，而用来摩擦树脂的毛皮则获得玻璃电。玻璃电和树脂电都吸引普通物质，而且玻璃电也吸引树脂电，但是都携带玻璃电的物体相互排斥，都携带树脂电的物体也相互排斥。这说明异性电相互吸引，同性电相互排斥。与摩擦过的玻璃管接触的金属屑从玻璃管获得部分玻璃电，因此会被玻璃管排斥；与摩擦过的琥珀或硬柯巴脂棒接触的金属屑从棒上获得部分树脂电，因此也会被棒排斥；但这两种金属屑会相互吸引，因为它们带的是两种不同的电。

格雷和迪费并没有把电说成是流体（fluid），而是把电看作能够在物质中诱导出的一种状态（condition）。阿贝·让-安托万·诺莱（Abbé Jean-Antonine Nollet，1700—1770），一位法国皇家家族教师和巴黎大学教授，把迪费的两种电解释为两种不同的流体，一种为玻璃电流体，另一种则为树脂电流体。

13-14

两种电流体理论与 18 世纪所做的所有实验相符。但是，物理学家热衷于追求简单性（simplicity），只要能找到一种更简单的理论，就绝不会采用复杂的理论。因此，电的两种流体理论很快就受到单流体理论（one-fluid theory）的挑战。最早提出单流体理论的是威廉·华生（William Watson，1715—1787），他是伦敦的医生和博物学家。随后不久，美国费城著名学者本杰明·富兰克林（Benjamin Franklin，1706—1790，见图 2-2）对单流体理论做了更全面和影响力更大的阐述。

1743 年，富兰克林访问波士顿的时候，偶然亲眼观看了一位从

图2-2 1762年的本杰明·富兰克林。请注意他背后的仪器：两个球的上方有一块带电云

苏格兰来的科普讲师亚当·斯宾塞（Adam Spencer）博士的电学实验，从此对电发生了兴趣。此后不久，他收到彼得·柯林森（Peter Collinson）从伦敦寄来的一些玻璃管和说明书，柯林森是一位记者、制造商，还是博物学家。于是富兰克林开始自己动手实验和思

考，并把思考的结果记录在给柯林森一系列的信中。简单地说，富兰克林的结论是：电只是单一流体，由"极微小的粒子"组成，它与迪费所说的玻璃电相同。（富兰克林当时并不知道迪费的工作和他所使用的术语。）富兰克林认为，普通物质就像某种"海绵"一样可以容纳电。当丝绸摩擦玻璃管时，有一些电就从丝绸上转移到玻璃管上，在丝绸上则留下了缺额。正是电的这种缺额与迪费所说的树脂电是同一种电。同样，用毛皮摩擦琥珀棒时，也有电的转移，不过这时是从棒上转移到毛皮上，在棒上留下了缺额。类似地，棒上电的缺额和毛皮上电的盈余，分别是迪费的树脂电和玻璃电。富兰克林称缺额电为负电（negative electricity），盈余电为正电（positive electricity）。他还把任何物体中电（正电或负电）的数量称为该物体的电荷（electric charge）。这些术语直到今天仍然在使用。

富兰克林还引入了一个基本假说——电荷守恒（conservation of charge），即：电既不会创造，也不会消失，只能转移。因此，当用丝绸摩擦玻璃棒时，棒上的正电荷在数量上精确地等于丝绸上的负电荷，正负电荷平衡，总电荷仍然为零。

怎样解释吸引和排斥现象呢？富兰克林假定电自身相互排斥，但吸引能够容纳它的物质。这样，卡比欧观察到的接触过玻璃棒带电的铜屑间的排斥现象，可以得到解释，因为这些金属屑都含有盈余的电；同样，迪费观察到的这些铜屑与接触过树脂棒的金属之间的吸引现象，是因为后者有电的缺额，因而它们之间，吸引占了优势。这样就简单明了地解释了带玻璃电的两种物体相互排斥以及带树脂电的物体与带玻璃电的物体相互吸引。

但是，怎样解释两个都带树脂电的物体相互排斥呢（例如都与摩擦过的琥珀棒接触过的金属屑相互排斥）？圣彼得斯堡（St. Petersburg）[1]的弗朗兹·乌里希·西奥多休斯·爱皮努斯（Franz Ulrich Theodosius Aepinus，1724—1802），填补了富兰克林单流体理论的这一空白。爱皮努斯是当地天文台台长，1759年他在知道了富兰克林的思想后提出，缺少应有数量的电而不能达到平衡的普通物质相互排斥。[8] 于是，已携带树脂电的物体之间的相互排斥，就被解释为当物体正常带有的电被剥夺一部分时，这些物体之间就相互排斥。这样补充修正后，富兰克林的单流体理论就能够说明迪费和诺莱的两种流体理论已经解释过的所有现象。

富兰克林的信被柯林森汇集成册并且出版，到1776年已有10种版本，有英文版，还有意大利文版、德文版和法文版。[9] 富兰克林由此成了大名人，被选进伦敦皇家学会和法国科学院，他的著作影响了18世纪以后的所有电学研究。富兰克林的名声成为美国13个殖民地的巨大财富，在独立战争期间，富兰克林被任命为美国驻法国公使。但是，尽管富兰克林享有极高的声望，但在单流体还是两种流体的问题上，物理学家仍然分成两派，这个争论直到19世纪发现了电子以后，才真正得以解决。

有些读者可能等不及我来讲述电子的发现，而急于知道究竟是单流体理论正确还是两种流体理论正确。我可以先告诉这些读者：两种理论都正确。在通常情形下，电由称为电子的粒子携带，正如富兰克

---

1. 圣彼得斯堡是美国弗吉尼亚州东南部的一个城市 —— 译注。

林假定的一样，只有一种类型的电。但是，电是哪一种电，富兰克林猜错了。事实上，电子携带的是迪费所说的"树脂电"而不是"玻璃电"。（物理学家至今仍然继续沿用富兰克林的说法，称玻璃电为正电，树脂电为负电。于是我们处在了不幸的地位：我们只能说大部分普通

16 电荷携带者携带的是负电。）所以，当我们用丝绸摩擦玻璃管时，玻璃管获得玻璃电，而丝绸带树脂电，这是因为电子从玻璃管转移到丝绸上；反之，当用皮毛摩擦琥珀棒时，电子从皮毛上转移到琥珀棒上。

　　在普通物质的原子里，电子被束缚在致密的原子核周围，原子核集中了物质的绝大部分质量，而且固体物质中的原子核通常是不动的。正如富兰克林假设的，电子排斥电子，而电子和原子核相互吸引；也如爱皮努斯所说，原子核与其他原子核相互排斥。但是，我们也可以设想物质的正电荷（或玻璃电）位于原子核上，而不仅仅认为是电子的缺少，这样设想会给我们带来许多方便。事实上，将盐之类的固体溶解于水中，就能使原子核彼此松散，虽然这些原子核总带有一些电子。在这种情形下，就可以得到携带正电（或玻璃电）的粒子流动。而且，还存在称为正电子（positron）的另一种粒子，它与电子在任何方面都相同，只有一点不同：正电子带的是正电荷。这样，在深一层的意义上说，迪费是正确的，他用对称的观点看待两类电荷：正电荷和负电荷（或玻璃电和树脂电）都同样是基本电荷。

　　读者也许会感到惊异：为什么用毛皮摩擦琥珀时，电子从毛皮流向琥珀，而用丝绸摩擦玻璃时，电子从玻璃流向丝绸？奇怪得很，我们至今不清楚其中的缘由。这个问题涉及像丝绸或毛皮之类的复杂固体（complex solids）的表面物理学的问题，而物理学的这一分支还没

有成熟到我们可以作任何明确预言的程度。用纯粹经验的方法，我们得到了摩擦生电物质的一个顺序表，其部分记载于下：[10]

兔皮　有机玻璃　　玻璃　　石英　羊皮　猫皮

丝绸　棉花　　　　木柴　琥珀　松脂　金属

聚四氟乙烯（特氟隆）

在这个顺序表里，靠近始端的物质倾向于失去电子，而靠近尾端的材料倾向于获得电子。所以，如果两个物体相互摩擦，其中的一个靠近始端，另一个靠近尾端，那么前者倾向于带正电荷（或玻璃电荷），后者倾向于带负电荷（或树脂电荷）。如果两个物体在顺序表中相距很远，那么它们的生电效应（electrification）就很强。例如，将兔皮与琥珀摩擦就比用丝绸摩擦玻璃容易生电。摩擦生电顺序，在理论上还不很清楚，甚至气候的变化也会影响各种物质的相对位置。

颇有讽刺意味的是，虽然摩擦生电是电学科学研究的第一个电现象，但至今我们对摩擦生电还没有一个详细的解释。不过，科学进步之路常常就是这样的：它并非通过解决大自然提出的每一个疑问而前进，而是尽量选择那些在复杂性方面不节外生枝的问题。这样，我们就有机会获得构成物理现象基础的基本原理。摩擦生电的研究曾经起到过很重要的作用，使我们知道世界上有电这种东西，而且电能够产生引力和斥力。但是，实际的生电过程太复杂了，对它的研究并不能帮助我们深入了解电的定量性质。到18世纪末，物理学家开始关注其他一些电学现象。

放电和阴极射线

在富兰克林之后，对电的研究已经发展到定量和细节上描述电的吸引和排斥以及电与磁和化学的联系。下面我们会详细讨论这些问题，不过我们不妨先考察一下历史上的另一条发现电的途径，这一途径就是在稀薄气体（rarefied gases）和真空中存在的放电现象。

人们最早知道的同时也是最壮观的放电现象当然是闪电（lighting）了。虽然富兰克林在1752年的著名实验中，已经证实闪电的本质就是电流，但是闪电的发生没有规则和不可控制，因此对它的研究几乎不能对我们了解电的性质有什么贡献。不过到了18世纪，出现了一种比较容易控制的放电现象，很便于用作科学研究。

1709年，豪克斯比（Hauksbee）在观察中发现，抽走玻璃容器里的空气，直到其中压强降为标准大气压的1/60，再把这个容器与摩擦生电的电源连接，就可以看到容器内产生奇妙的光。这种类似的电闪光，在气压计水银上方的部分真空中曾被观察到。1748年，华生把发生在一个32英寸（81.3厘米）长的玻璃管内的亮光描述为"浮动的火焰构成的拱门"。诺莱和戈特弗赖·海因里希·格拉蒙特（Gottfried Heinrich Grummont, 1791—1867）以及伟大的迈克尔·法拉第（Michael Faraday）都记录过他们观察到的现象。我们后面还会详细介绍法拉第。

人们开始不理解这种光的本性，今天我们知道它是一种次级现象（secondary phenomenon）。电流通过气体，电子与气体的原子相撞，把部分能量传给气体原子，随后，这部分能量以光的形式释放出来。今天的荧光和氖光信号灯都基于同一原理；而这些光的颜色，决定于气体原子优先发射光的颜色：氖为橘黄色，氦为略带粉红的白色，汞为蓝绿色，等等。这种现象在电学史上的重要意义，不在于放电发射的光，而在于放电的电流本身。当电聚集在琥珀棒上时，或电流流 18 过导线时，电的性质完全与琥珀或铜这些固体的性质混杂在一起，没有办法把它们分开。例如，即使在今天，也不可能通过比较琥珀棒带电前后的质量来测量一定数量电子的质量。电子的质量太小，与琥珀棒的质量相比实在微不足道，因此需要让电离开通常携带它的固体和液体物质。研究气体中的放电，乃是沿着正确方向迈出的一步。但是，即使在1/60个大气压下，空气对电子流动的干扰仍然太大，因而发现不了电子的性质。只有当气体几乎完全被清除的时候，科学家对通过几乎是真空空间的纯电子流进行研究，才有可能取得真正的进展。

高效真空泵的发明，是转折点到来的时候。早期的真空泵，活塞周围的密封垫经常漏气。1858年，约翰·海因里希·盖斯勒（Johann Heinrich Geissler, 1815 — 1879）发明了一种真空泵，它用水银柱代替了活塞，因此不再需要密封垫。用盖斯勒的真空泵，可以使玻璃管的气压降到海平面正常气压的万分之几。1858 — 1859年，波恩大学的自然哲学教授朱利乌斯·普吕克（Julius Plüker, 1801 — 1868）利用盖斯勒泵，在极低压强下的气体中做了一系列电传导的实验。普吕克在他的实验装置中，将玻璃管内的两块金属板用导线与强电源连接。（沿用法拉第的术语，接到电源正极的板称为阳极，接到负极的板称为阴极。）普吕克观察到，当玻璃管内的空气几乎抽成真空时，管内大部分的光消失了，仅仅在阴极附近的管壁上有浅绿色的辉光

（greenish glow）。辉光出现的位置似乎与阳极的位置没有关系。看起来似乎是有什么东西从阴极飞出来，穿过几乎是真空的空间，打到玻璃壁上，然后再汇聚于阳极。几年后，尤金·戈德斯坦（Eugen Goldstein，1850 — 1930）把这种神秘的现象命名为阴极射线。

现在我们已经知道，这些射线是电子流。电子因为电的排斥力而从阴极发射出来，随后穿过几乎是真空的空间，打到玻璃管壁，把一部分能量转给玻璃原子，随后这部分能量以可见光的形式释放出来；而电子最终落到阳极上，并返回到电源。但是 19 世纪的物理学家并不清楚这一过程，他们发现许多线索，在很长的一段时间里，这些线索似乎可以指向各不相同的方向。

普吕克自己就被下面的事实引入歧途：如果用铂制成阴极，在玻璃壁上就会出现由铂淀积的薄膜，因此他认为射线可能是由小块阴极物质组成。今天我们知道，阴极材料感受到的电斥力确实可以使阴极表面的小块材料飞离阴极，这种现象称为溅射（sputtering）。但一般说来，溅射与阴极射线无关。事实上，19 世纪 70 年代，戈德斯坦曾经证实，阴极射线的性质与阴极材料无关。

普吕克在观察中还发现，把磁铁移近玻璃管，玻璃管壁上的辉光位置会发生改变。正如我们以后所看到的，这种迹象表明射线是由带电粒子组成的。普吕克的学生希托夫（J. W. Hittorf，1824 — 1914）还发现，放在小的阴极附近的物体，在玻璃管的发光壁上投下阴影。由此他得出结论：从阴极发出的射线沿直线飞行。1878 — 1879 年，英国的物理学家、化学家和招魂师（spiritualist）威廉·克鲁克斯爵士

（Sir Wi-lliam Crookes，1832—1919，见图2-3），也在观察中发现同样的现象，由此他得出结论：射线是由气体分子组成的，这些气体分子偶尔从阴极获得负电荷，因此受到阴极很强烈的排斥而飞离阴极形成射线（图2-4为克鲁克斯的实验演示）。克鲁克斯圈子里的一位物理学家和招魂师克伦威尔·瓦利（Cromwell Varley）早在1871年就说："射线是因为电力而从负极射出稀薄的物质粒子。"但克鲁克斯的理论受到戈德斯坦有力的驳斥，戈德斯坦观察到：在10^{-5}的标准大气压的阴极射线管中，射线至少飞行了90厘米，而普通分子在相同气压的空气中，其自由程（free path）一般只有0.6厘米。

在德国出现了一种完全不同的理论，这是在天才实验物理学家亨利希·赫兹（Heinrich Hertz，1857—1894）观察的基础上建立的。1883年，当时在柏林物理实验室任助手的赫兹证实，让阴极射线通过带电金属板时，阴极射线并没有明显的图偏转。这似乎排除了阴极射线是由带电粒子形成的可能性。因为如果是带电粒子，它应该被带同性电的金属板排斥，而被带异性电的金属板吸引。由此，赫兹认为阴极射线是一种像光一样的波动。但为什么磁铁可以使它偏转呢？当时人们对光的本质认识还不清楚，因此认为光发生磁偏转也并非不可能。1891年，赫兹在进一步的观测中发现，阴极射线能够穿透很薄的金箔[21]和其他金属箔，就像光穿透玻璃一样。这一观测似乎证实了阴极射线是一种波的结论。

但是，阴极射线并不是一种光。1895年，法国物理学家让·巴蒂斯特·佩兰（Jean Baptiste Perrin，1870—1942）在他还是一个博士研究生的时候就证明，如果在阴极射线管里安置集电器，阴极射线可

图2-3　威廉·克鲁克斯爵士，时年79岁

图2-4 克鲁克斯1879年在气体放电管里演示阴极射线引起的荧光

以使集电器积累负电荷。现在我们已经知道，赫兹之所以观察不到带电金属板对阴极射线的吸引和排斥，是因为阴极射线粒子运动得太快，而电力又如此之弱，所以偏转太小，无法观察到。（其实赫兹也认识到，他的金属板上的电荷部分地被射线管内残留的气体效应所消耗：这些气体分子被阴极射线撞击而分裂成带电粒子，然后被吸到带相反电荷的金属板上，从而使金属板上电荷减少，电力减弱。）但是，正如戈德斯坦所证明的，阴极射线如果是带电粒子，那它们不可能是普通的分子。那么，它们是什么呢？

正在这个关键时刻，J. J. 汤姆孙进入了这一研究领域。他首先想做的是测量阴极射线的速度。1894年，他测的速度值是200千米/秒（是光速的1/1500）；但他的方法错了，以后他舍弃了这个结果。接着在1897年，汤姆孙在赫兹失败的地方获得了成功：他测到了阴极射线在带电金属板之间的偏转。他成功的主要原因是他使用了更好的真空泵，可以使阴极射线管内的气压降到残留的气体效应可以忽略不计的程度。大约在同时，戈德斯坦也发现了电偏转的一些证据。阴极射线偏向带正电的金属板，而偏离带负电的金属板，从而证实了佩兰关于阴极射线带负电的推断。

现在要研究的问题变了，变成研究阴极射线中这些神秘的带负电粒子的本质。汤姆孙的方法直截了当：他给带电粒子施加电力和磁力，再测量阴极射线偏转的程度。[1] 要理解汤姆孙如何分析这些测量结果，我们首先要弄清楚，在力的影响下物体是怎样运动的。

背景知识回顾：牛顿运动定律

艾萨克·牛顿在他的巨著《自然哲学的数学原理》（简称《原理》——*Principia*）[11] 的开头，总结了经典物理学的运动定律。其中主要的原理包含在第二定律中，它可以这样表述：使一质量确定的物体获得某一加速度，需要施加的力正比于质量和加速度的乘积。要想理解这一定律的意义，我们又必须弄清楚什么是加速度、质量和力（acceleration，mass，and force）。

加速度是速度的变化率。正如速度是运动物体移动的距离与运动所花费时间之比一样，加速度是物体速度的变化与加速所花费时间之比。因此，测量加速度的单位是速度除以时间，或距离除以时间后再除以时间。例如，接近地球表面下落的物体以 9.8 米/秒^2 的加速度落下，这意味着在真空中从静止开始下落的物体，第1秒钟后以每秒9.8

---

1. 汤姆孙的另一个实验方法，是测量阴极射线粒子在玻璃管端累积的热量和电荷。这种方法回避了测量电偏转的困难。实际上，这种方法比测量阴极射线电偏转和磁偏转更精确。我在这里首先介绍电磁偏转的方法，并不是因为它在历史上更重要，而仅仅是为了提供一个机会复习一下电力知识，而确定电荷定义需要用到电力知识。在复习了能和热的概念之后，我将介绍汤姆孙的另一种方法。

米的速度下落，2秒钟后，将以每秒19.6米的速度下落，如此类推。[1]

物体的质量是它所含物质的数量，而与物体的形状、大小或组成无关。这个定义极不精确，但是在这儿，某种程度的不精确性是无法避免的，因为在经典物理学中，没有更基本的量用来定义质量。如果做如下的规定，可以使质量的定义变得比较精确一些：如果把若干物体放在一起而不使这些物体发生变化，那么这一组物体的质量等于各单独物体质量之和。因此，我们常常可以把复杂系统各组分的质量相加，求出系统的总质量。科学上最常用的质量单位是克（g），克的最 23 初定义是：在标准大气压和4℃温度下，1厘米³水的质量。1千克（kg）为1000克，1毫克（mg）等于0.001克。自1875年以后，千克定义为保存在巴黎附近国际度量衡局（International Bureau of Weights and Measures）的铂－铱合金棒的质量，克定义为千克的千分之一。

力是推和拉的数量和，它与推或拉所持续的时间或力所作用的物体性质无关。这一定义也是一个极不精确的定义。如果作下述规定，则可以使它精确一些：如果作用于一个物体的两个相反方向的力使物体仍然静止，那么这两个力相等；作用于物体的几个大小和方向都相同的力，其总力等于力的数目与单个力大小的乘积。力的单位，可以用力的作用将某标准弹簧伸长某一标准长度来描述。这时，由于力的单位与质量单位和加速度单位都没有关系，故牛顿第二定律必须像前面所说的那样表述为：使物体产生某一加速度所需要的力，正比于该

---

1. 因为速度的值是距离的值与时间之比，因而加速度的值是速度值与时间之比，用分数号"/"代替"每"，会给我们带来方便。因此，速度的单位是长度/时间，例如厘米/秒（读作厘米每秒）、千米/时；加速度的单位是（距离/时间）/时间，亦即距离/时间²，例如厘米/秒²、千米/时²。这样，地面附近自由落体的加速度可以写成9.8米/秒²。

物体的质量与其加速度的乘积。

总之，用质量和加速度的单位来定义力的单位，不仅可能，而且十分方便。例如，如果我们用米/秒^{2}作加速度的单位，千克作为质量单位，那么，力的单位就应该取为"牛顿"（N），它的定义是：使质量为1千克的物体产生1米/秒^{2}加速度的力。在这一单位制里，牛顿第二定律具有如下简单的形式：

$$\begin{pmatrix}作用于一个物体\\使它产生确定加\\速度的力\end{pmatrix}=\begin{pmatrix}物体的\\质量\end{pmatrix}\times\begin{pmatrix}物体的\\加速度\end{pmatrix}$$

当质量为1千克、加速度为1米/秒^{2}时，上式正好给出牛顿的定义。如果质量和加速度取其他数值，这个公式也是正确的。例如，质量是2千克、加速度是3米/秒^2，那么，力必须是使质量为1千克的物体获得1米/秒^{2}加速度所需力的（2×3）倍，也就是力为6牛顿（参阅本书附录A）。

牛顿第二定律的补充说明：

1.如果质量和加速度取其他单位，我们仍然可以用牛顿第二定律的上述简单形式，但必须使用其他单位表示力。例如，牛顿定律告诉我们：使质量为1克（10^{-3}千克）的物体获得1厘米/秒^{2}的加速度（10^{-2}米/秒^2）所需的力是：

$$（10^{-3}千克）\times（10^{-2}米/秒^2）=10^{-5}牛$$

力的这一单位叫达因（dyne）[1]。如果加速度用厘米/秒^{2}表示，质量用克，力用达因，则力仍然等于质量和加速度之积。

2.区分质量和重量是十分重要的。重量是一种力，是重力作用在物体上的力。前面我们曾经提到过，地面附近的物体以9.8米/秒^{2}的加速度下落；因此，牛顿定律表明：质量1千克的物体，重量为9.8牛。依此类推，牛顿定律表明，m千克质量重$9.8m$牛。所有物体都以同一加速度下落，这一事实表明重量正比于质量（重量的这一基本属性，为爱因斯坦的广义相对论提供了启示）。当我们称量一个物体时，我们实际上是测量物体的重量而不是质量；m千克的读数，其真正的意义是，其重量是$9.8m$牛。如果我们想象在地球表面之外的地方称量物体，就可以体会这种差别非常重要。例如，在地球表面上1千克的质量重9.8牛，在月球表面上它的质量仍然是1千克，但由于月球引力比较弱，其重量仅有1.62牛。

3.虽然牛顿第二定律被用来定义力的单位，但这个定律本身并不仅仅是力的定义。即使力没有一个精确的独立定义，我们对力也会有一个直觉的观念，它将赋予牛顿第二定律以充实的内容。例如，下面的说法就不仅仅是一个定义的问题：如果有确定伸长长度的弹簧使一确定质量的物体获得确定的加速度，那么该弹簧将使两倍质量的物体获得一半的加速度；而且，如果两个这样的弹簧作用在同一个方向上的话，将使这一质量的物体获得两倍的加速度。此外，作用于物体上的恒力，将使物体获得恒定的加速度，于是物体的加速度每秒都增加

1.达因作为力的单位现在已较少采用。1达因＝10^{-5}牛。

相同的量。这一类实验事实为牛顿第二定律提供了基础。

4. 牛顿第二定律的特例是当非零质量的物体受到零作用力时，物体将获得零加速度。也就是说，该物体将以不变的速度运动。牛顿将这一特例专门列出，作为运动第一定律。运动第三定律是作用力等于反作用力：如果一个物体施加一个力在另一个物体上，那么第二个物体将对第一个物体施加一个大小相等、方向相反的力。

5. 只有当速度不变时，将速度定义为运动移动的距离与所用时间之比才是正确的；同样，只有当加速度不变时，才能把加速度定义为速度的改变量与所用时间之比。否则，这两个比值给出的将分别是平均速度和平均加速度。如果速度和加速度正在变化，我们可以把任何时刻的即时速度和即时加速度定义为：以该时刻为中心的无限小的时间间隔里的平均的速度和平均加速度。牛顿定律实际上阐明的是力和即时速度之间的关系。

6. 速度、加速度和力是矢量（vector）——这就是说它们既有大小还有方向。通常方便的办法，是用它们在特定方向上的分量来描述这些矢量。例如，当我们说船的速度东方向分量为 10 千米/时，北方向分量为 15 千米/时，我们的意思是说，船每小时向东行 10 千米，向北行 15 千米（该船实际上以 18 千米/时的速度向东北偏北方向行驶）。同样，当我们说船的加速度东方向分量为 2 千米/时^2，北方向分量为 1 千米/时^2，我们的意思是说，不管船原来的速度是多少，船速东方向分量每小时增加 2 千米/时，北方向分量每小时增加 1 千米/时。力也可以用分量来描述，它的分量是沿给定方向推或拉的量。

矢量的分量可以是正的，也可以是负的。例如，我们说东方向的速度分量是 −20千米／时，那就是说，船每小时向西方向行20千米；如果加速度东方向的分量是 −2千米／时^2，那么，船速的东方向分量每小时减少（或西方向分量增加）2千米／时。力在东方向分量是负值，实际上力是向西使劲。（在这些例子中，运动都是水平的，因此只需要两个分量来确定速度、加速度和力。在一般情形下需要三个分量 —— 例如向东、向北和向上。）牛顿定律对力和加速度的每个分量都成立，这表明，力在任何方向上的分量等于质量乘以相应的加速度分量。

7.当几个力作用在一个物体上时，合力等于各力的和。更确切地说，合力的分量等于每个分力相应分量之和。例如，两个力作用在一个物体上，一个力的北方向分量为3牛，东方向分量为1牛，另一个力的北方向分量为 −1牛，东方向分量为6牛，那么，合力的北方向分量为2牛，东方向分量为7牛。

阴极射线的偏转

26

汤姆孙应用牛顿第二定律得到一个一般的公式，使他可以根据阴极射线粒子的性质，来解释他在实验中测到的电力和磁力引起阴极射线的偏转。在阴极射线管中，射线粒子穿过我们称为偏转区（deflection region）的区域，在这个区域里，带负电的粒子受到电力和磁力的作用，力的作用方向基本上垂直于粒子原来的运动方向。随后，射线粒子飞过一个长得多的不受力作用的区域。在这个称为漂移区（drift region）的区域里，粒子自由飞行，直到撞在玻璃管壁上出现一个光点。(事实上，现代电视显像管就是阴极射线管，见图2-5。)
27 这样，汤姆孙通过测量有电磁力作用于粒子和无电磁力作用于粒子时两个光点位置间的距离，就很容易测出电磁力作用引起射线粒子偏转产生的位移(displacement)。读者可以参见实验装置示意图(图2-6)。汤姆孙的公式是：

$$\begin{pmatrix}\text{射线在管端}\\\text{的位移}\end{pmatrix}=\frac{\begin{pmatrix}\text{作用在射线}\\\text{粒子上的力}\end{pmatrix}\times\begin{pmatrix}\text{偏转区}\\\text{长度}\end{pmatrix}\times\begin{pmatrix}\text{漂移区}\\\text{长度}\end{pmatrix}}{\text{射线粒子的质量}\times(\text{射线粒子的速度})^2}$$

　　为了用大致符合实际的数字做些说明，我们假定作用于射图线粒
28 子上的力是10^{-16}牛顿，偏转区的长度是0.05米，漂移区的长度是1.1米，阴极射线粒子的质量是9×10^{-31}千克，粒子的速度为3×10^{7}米/秒，那么，射线打到荧光屏上的位移是：

$$\text{位移}=\frac{(10^{-16}\text{牛})\times(0.05\text{米})\times(1.1\text{米})}{(9\times10^{-31}\text{千克})\times(3\times10^{7}\text{米/秒})}=0.0068\text{米}$$

即6.8毫米，这是一个不难测量的距离。答案用米作单位，是因为我们使用的是一个自洽的单位制，其中所有长度用米(m)表示，时间用秒(s)，质量用千克(kg)，速度用米/秒(m/s)，力用牛顿(N)，等等。我们也可以使用其他自洽的单位制。由于位移是长度，所以答案总是用所选定单位制的长度单位表示。

　　汤姆孙公式的代数推导，请参见本书附录B。不过，即使不用代数法，要看懂这一公式为什么是这种形式也并不困难，关键在于记住：作用于阴极射线粒子上的力使粒子产生一个垂直于管子轴线的加速度。所以，当粒子从偏转区出来时，它们有一个垂直于原来运动方

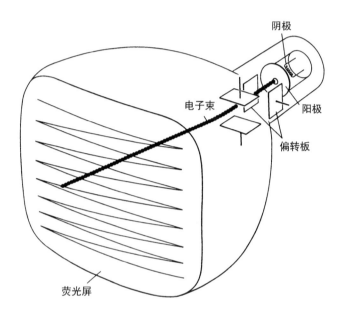

图2-5　一个大家更熟悉的阴极射线管——现代电视显像管的示意图。我们已经知道，汤姆孙根据阴极射线打在管子末端时产生的光点位置，判定射线所走的路线，此路线是看不见的。此后，这种光点成为电视的基础而广为人知。电视显像管实质上是一个面对观看电视者的阴极射线管。在显像管中，阴极射线被电力控制，使它在玻璃管末端有规律地来回摆动。射线打在玻璃管末端特制镀膜的玻璃荧光屏上，就会出现一个光点。电视信号控制着阴极射线的强度，使它在荧光屏上每一点的强度有所不同，于是由亮点和暗点形成的图形相继出现在荧光屏上。人眼和大脑反应较慢，于是这些图形被视为瞬时图像

向的很小的速度分量，这一分量等于加速度乘以粒子在偏转区所经历的时间。（为明确起见，假定射线管是水平的，射线向下偏转。）接着，射线粒子进入漂移区，在这里它们不受力的作用，所以保持不变的水平速度和垂直速度分量。因为在任何方向上运动的距离等于这一方向上的速度分量乘以所经历的时间，所以当射线撞在玻璃管末端时，向下的位移很容易计算，就等于在偏转区产生的向下速度分量，乘以在

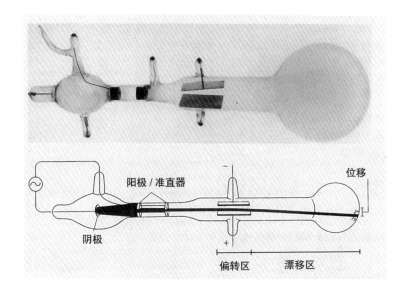

图2-6 上图：汤姆孙用的阴极射线管之一，他曾用来测量电子的质量与电荷之比。下图：汤姆孙实验装置的示意图。阴极借助穿过玻璃管的导线与发电机相连接，发电机为阴极提供负电荷；阳极（anode）和准直器（collimator）由另一条导线与发电机连接，使负电荷流回发电机。两块偏转板（deflection plates）分别与一个强电池的两极相连，使偏转板获得能产生强大电作用的负电荷和正电荷。看不见的阴极射线受到阴极的排斥飞到阳极，其中很小的一部分通过阳极和准直器上的狭缝，而狭缝只允许一束狭窄的阴极射线通过。随后，射线在通过偏转板时因受到电力而偏转；过了偏转板，阴极射线做自由运动，最后打在玻璃管的壁上，产生一个光点［本图根据汤姆孙的论文《阴极射线》中的图2绘制。见《哲学杂谈》（*Phil.Mag.*）1897年第44期第295页。为清晰起见，这里没有画出磁力偏转射线的两块磁铁］

漂移区所飞行的时间（我们略去了射线在偏转区时产生的向下位移，因为这个区域比漂移区短很多，粒子在其中飞行的时间也很短，因此所发生的位移相对来说非常小）。综上所述，射线撞到玻璃管末端产生的位移，等于它在偏转区的加速度乘以射线粒子在偏转区飞行的时间（这一乘积给出向下的速度分量），再乘以粒子在漂移区所飞行的时间。粒子在每个区域所飞行的时间，正好是该区的长度除以粒子的

（不变的）水平速度。这就是偏转区和漂移区的长度出现在汤姆孙公
式分子中的原因以及为什么粒子速度在分母中出现两次（即速度的平
方）的原因。最后，牛顿第二定律告诉我们，加速度在任何方向上的
分量，等于这个方向上的力除以质量，这就是为什么力出现在汤姆孙 29
公式的分子中而质量出现在分母中的原因。

　　在这个实验中，汤姆孙测量了作用在射线上的电力和磁力所引
起的位移，它能揭开阴极射线粒子的什么秘密呢？出现在汤姆孙公式
中的各个物理量中，偏转区和漂移区的长度是已知的，它们由阴极
射线管的设计所确定；射线粒子的质量和速度是我们希望知道的。那么，
关于力我们知道一些什么呢？我们很快便会知道，作用于一个带电粒
子的电力正比于该粒子所携带的电荷。再回头看汤姆孙公式时我们
可以看出，射线在管端上的位移正比于射线粒子的几个参数的特定组
合——粒子的电荷除以粒子质量和速度的平方。因此，测量出射线
粒子的位移，只能给出这个特定组合参量的值。但这并不是我们真正
希望得到的东西，我们感兴趣的是射线粒子的电荷和质量，而速度只
不过是在特定的阴极射线管中偶然产生的量。

　　汤姆孙又测量了磁力引起的偏转，从而回避了速度未知的困难。
我们很快就会知道，与作用于粒子的电力不同的是，作用于粒子上的
磁力不但正比于粒子的速度，还正比于它带的电荷。因此，磁力引起
的射线粒子位移所得到的粒子参数组合，将不同于电力引起的射线粒
子位移的参数组合。通过测量电力和磁力所引起的偏转，汤姆孙得到
了粒子的两组不同的参量组合值，由此他就能够确定射线粒子的速度
以及粒子的电荷-质量比。

汤姆孙的实验结果在本章后面的内容阐述，但在此之前我们还必须进一步了解电力和磁力的理论，而且我们还要知道如何计算这两种力使阴极射线产生的偏转。

背景知识回顾：电力

为了利用测到的阴极射线因电力所致的偏转，以便了解阴极射线粒子的性质，汤姆孙必须知道如何计算作用在粒子上的电力。我们现在就来看一下描述电力的定量理论以及其发展的历程。

早期对电力的猜测，在很大程度上依赖于与牛顿的万有引力理论的类比。在《原理》一书的末尾，牛顿把万有引力描述为作用于太阳和各行星的力，它"与天体所含固体物质的数量有关，沿所有方向传播到无穷远处，而且按距离平方的倒数而减弱"。也就是：

$$\left(\begin{matrix} 粒子1作用 \\ 于粒子2的 \\ 万有引力 \end{matrix} \right) = \frac{G \times 粒子1的质量 \times 粒子2的质量}{\left(粒子1和粒子2之间的距离 \right)^2}$$

式中的G是一个基本常数，它的值取决于力、质量和距离所选用的单位制，而且这个常数的值只能由实验来确定。现代的测量告诉我们，如果力用牛顿，质量用千克，距离用米为单位，那么$G = 6.672 \times 10^{-11}$。牛顿万有引力定律的绝大部分细节，从直观看来都十分合理。一个物体吸引另一个物体的力，当然正比于两个物体的质量，因此，如果其中一个物体的质量增加到原来的2倍，力也就增加到原来的2倍；而且，力当然也随物体之间距离的增大而减小。由此，人们无法拒绝做出这样的猜测：电力也可能遵守同样的定律，也与距离的平方成反比，但要用电荷代替万有引力定律中的质量。

[在回到电力以前，我要指出：现在已经知道，牛顿的万有引力定律仅仅是近似的，适用运动速度不太快的粒子和引力不太强的情况。现代引力理论是广义相对论（General Theory of Relativity），它是阿尔伯特·爱因斯坦在 1915 — 1916 年提出的。广义相对论里有一个结论说，万有引力可以由能量和物质产生，也作用于能量和物质，因此万有引力可以影响像光子（photon）一样质量为零的粒子。]

1760 年，瑞 士 物 理 学 家 丹 尼 尔 · 伯 努 利（Daniel Bernou-lli，1700 — 1782）首先尝试测量电力对距离的依赖关系。他的仪器设备十分原始，所以不清楚他是真的发现了电引力和电斥力的平方反比律，还是仅仅验证了他的实验观察与他预先猜想的定律相符。

英国物理学家和化学家，氧的发现者约瑟夫·普里斯特利（Joseph Priestley，1733 — 1804）在相当间接的基础上，猜到了引力的平方反比律。他观测到，置于封闭带电金属腔里的物体，感受不到电力，即使当它靠近某处腔壁也同样如此。这使人们想到牛顿的一个发现：由于万有引力与距离的平方成反比，大质量的中空球形壳里的物体，感受不到壳壁的万有引力。但是这个类比并不十分贴切。因为对万有引力而言，壳内感受不到万有引力，关键是壳体的球面对称 [31]（spherical symmetry），而金属腔里没有电力，部分原因是电荷在金属表面的分布，而与腔的形状无关。

电力的平方反比律的直接实验验证，是 1769 年由约翰·鲁比孙

（John Robison，1739 — 1805）完成的，但他只对斥力做了实验研究。1775年，亨利·卡文迪许（Henry Cavendish）也做了相同的研究，但没有发表。后来汤姆孙在剑桥的实验室，就是以卡文迪许家族的姓命名的。然而，第一次真正有说服力的实验验证，是查尔斯·奥古斯丁·库仑（Charles Augustine Coulomb，1736 — 1806）于1785年完成的。

库仑是一位精通工艺的军事工程师，1764 — 1772年，他在建设马蒂尼克（Martinique）的波旁要塞（Fort Bourbon）中，健康受到损害。回到法国后，库仑在罗什富尔（Rochefort）造船厂对摩擦生电现象做了详细研究。1781年，他被选进法国科学院，这使他有机会定居巴黎，并用大部分时间从事研究。1785 — 1791年，他在给科学院的7次研究报告中，发表了他对电和磁的研究成果。

库仑用他自己发明的灵敏的扭秤（torsion balance，见图2-7），测量了带电小木髓球（small pith balls）之间的电作用力。他发现，对各种电荷和距离，平方反比律都精确地成立。例如，两小球间的距离减少一半，它们之间的电力作用就增加到原来的4倍。他还指出，两带电物体之间的电力作用正比于两个物体所带电荷（库仑称之为"电质量"）的积，恰好是万有引力定律类比所猜想的结果。也就是说：

$$\left(\begin{array}{c}\text{粒子1作用于}\\\text{粒子2的电力}\end{array}\right) = \frac{k_e \times \left(\begin{array}{c}\text{粒子1}\\\text{的电荷}\end{array}\right) \times \left(\begin{array}{c}\text{粒子2}\\\text{的电荷}\end{array}\right)}{\left(\text{粒子1和粒子2之间的距离}\right)^2}$$

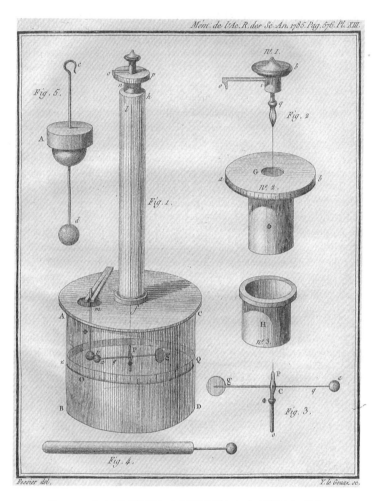

图2-7 1785年库仑扭秤蚀刻图。库仑用这个秤证明了电吸引的平方反比律

式中k_e像G一样，也是一个基本常数，其值取决于力、电荷和距离所采用的单位，并且必须由实验测定。

在一次验证电力与电荷乘积关系的实验中，库仑先测量了两个距离一定的带电木髓球之间的作用力，然后移动一个木髓球，使其与另一个尺寸相同但不带电的小木髓球接触。这时两球平分原来一个小球上的电荷，故每个小球上的电荷是原来电荷的一半。当把这个小球放回到原来的位置上时，他发现它与原来一带电小球之间的电相互作用力减少到原来的一半，正如库仑定律所预期的一样。

32　　力是有方向的一种量，即矢量，所以必须指明电力的作用方向。我不知道库仑是否精确描述过，但十分明显的是，电力沿着连接两电荷的直线相互作用。（人们设想不出电力还会沿其他什么特定方向相33 互作用。）如果我们按惯例约定排斥力为正、吸引力为负，那么迪费总结的同性电荷相斥、异性电荷相吸的结论，可以概括为如下简单的说法：k_e 是一个正数。

电荷应该采用什么单位呢？有一种 "实用" 电学单位制，其基本单位是电流 —— 安培（A）。安培的原始定义是根据两电流之间的磁相互作用力做出的，现在我们可以把安培认作能够烧断 1 安培保险丝的电流。电荷的实用单位是库仑（C），定义为 1 安培电流在 1 秒钟经过一根导线任一截面的电荷，因此 1 安培就是每秒 1 库仑。若力的单位用牛顿，距离的单位用米，电荷的单位用库仑，则 k_e 的测量值为 8.99×10^9 牛·米^2/库^2；也可以采用 "静电单位"（electrostatic unit），其定义为 $k_e = 1$。然而，这种电荷单位很少使用，所以我们在讨论中只使用实用单位制。

麦克斯韦首先用现代术语重新表述了库仑定律，这样的表述会带来许多方便：作用于任何带电体上的电力，永远正比于该带电体携带的电荷。我们可以把这个比例系数称为电场强度。于是：

$$\begin{pmatrix} 作用于一带电体 \\ 上的电力 \end{pmatrix} = \begin{pmatrix} 受电力作用 \\ 物体的电荷 \end{pmatrix} \times 电场强度$$

用这种方法引入的电场强度，显然取决于该物体所在的位置，也取决于所有其他产生电场的物体的电荷和距离，但是与受作用物体的性质无关，或者说与它的电荷无关。例如，当一物体受到来自另一物体的电力时，库仑定律可以写成如下形式：

$$\begin{pmatrix} 一带电体产生 \\ 的电场强度 \end{pmatrix} = \dfrac{k_e \times \begin{pmatrix} 产生电场的 \\ 物体带的电荷 \end{pmatrix}}{\left(与产生电场物体的距离\right)^2}$$

将上述两个公式联用，我们会立即得到原来形式的库仑定律。

电场强度是单位电荷受的力，即牛顿/库仑。[1]像力一样，电场强度也是一个有方向的量：作用在带电体上的电力在物体带正电时，与电场强度方向相同；如果带负电，则与电场强度方向相反。另外，带正电物体产生的电场，其电场强度从物体内指向物体外；带负电物体产生的电场，其电场强度从物体外指向物体内。由一组电荷产生的电场强度，是各单个电荷产生的电场强度的矢量和；也就是说，总电场强度的各个分量（北、东、上），是各电场强度相应分量的和。

34

---

1. 这个单位更常用的是伏特/米，其原因在本章后面有解释。

引入电场（electric field）的概念，标志着对牛顿的力的观念有了一个大的变化。牛顿认为，力是一个物体直接施加于另一个远离它的物体，并对其产生的作用。有了电场的概念则有了根本性变化，人们认为在给定位置的电场是空间在该位置的状态，所有处于其他位置的电荷都对该处的电场强度做出贡献；而处于该位置的电荷则直接受到电场的作用。在现代物理学中，场已日渐具有如下特征：它不仅只是一个人为了便于计算粒子间电力的数学方法，而且真正成了物理实体——事实上可能是宇宙中比粒子更基本的"居民"。在现代理论中，粒子被视为一小束能量、动量和这些场的电荷的汇聚体。

迈克尔·法拉第（Michael Faraday，1791—1867，见图 2-8）首先发明了电场的图示法，使人们对电场如何起作用有了一个形象生动的直观概念。而且，在个别简单情况下，如汤姆孙的阴极射线管，借助场的图示法甚至可以算出电场强度（参见本书附录 C）。在空间画一些线，这些线在空间任一点的切线方向与电场方向一致，并且通过垂直于给定点电场方向的小面积的线数，等于该面积乘以该点的电场强度。[1] 对于一个孤立的点电荷，如果电荷是正的，这些电力线在空间任何地方都从电荷向外指向远方，如果电荷是负的，则指向该电荷。这样，通过以该点电荷为圆心的球面的线数，等于球面乘以电场强度。但是，我们又知道球面积正比于半径的平方，于是我们得知球面上的电场强度将反比于半径的平方。因此，当我们计算穿过球面的电力线数目时，球面半径恰好相抵消，所以电力线的数目与球面半径无关。

35

---

1. 按这一定义，电力线的数目取决于采用的电场强度单位。例如，电场用达因/静库仑，或牛顿/库仑，或别的什么单位，电力线的数目就大不相同。指出这一点是要强调：电力线并不真实地存在，不能给电力线赋予绝对意义；它只在不同点的方向和相对数目上才有意义。

图2-8 迈克尔·法拉第

由于穿过包围电荷的任一球面的电力线数目对任一球面都相同，因此电力线既不开始也不终于无电荷空间的任何地方。又因为任意布局的电荷体系都是各点电荷产生的电场之和，所以一般说来，电力线的这种性质（无起点、无终点）已形成共识。图2-9为各种带电体的电力线图形。

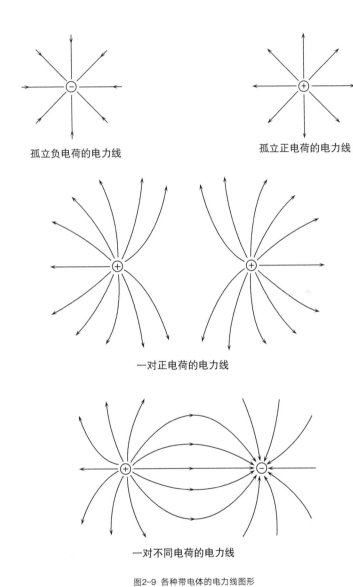

孤立负电荷的电力线　　　　　　　　　　孤立正电荷的电力线

一对正电荷的电力线

一对不同电荷的电力线

图2-9 各种带电体的电力线图形

上面的内容不只是要把已知的电场结构再重新说一次，而且强调要学会如何在各种情况下用电力线的直观性质来计算电场强度。

阴极射线的电偏转

在汤姆孙的实验中，电场力是由平行的带电金属板产生（见图2-5）。我们已经知道，作用于任何带电物体上的电场力，通常可以表示为物体的电荷与其所在位置的电场强度的乘积。因此，为了用阴极射线粒子的性质解释测到的电偏转，汤姆孙就需要确定平行板之间射线轨迹上的电场强度。

在汤姆孙的实验中，两金属板的长度和宽度远大于两板的间距，这就可以大大简化电场强度的计算，这是因为在两板之间的大部分点可以用不着考虑板的边缘效应（effects of the plate edges）。这样，除了靠近板边缘的地方以外，两板之间的电场一定垂直于两金属板（从正电板指向负电板），如图2-10所示。事实上，想象电场指向任何特别的方向是不存在的，因为金属板上任何一点与其他点都是一样的（即使我们将电荷不均匀地充到金属板上，这些电荷形成的电场力也会使电荷在金属板上移动，直到电荷分布均匀为止）。最后，也许最令人惊讶的是两板之间任一点的电场强度，与该点距任一板的距离无关。这是因为我们规定电场强度就是单位面积的电力线的数目。看一眼图2-10就知道，穿过平行于金属板的给定面积的电力线数目，与这面积离任一板的距离无关。于是我们可以得出结论：汤姆孙实验中的电场力垂直于阴极射线管的轴线，数值上等于电子的电荷乘上一个常数——电场强度。利用前面的结果，我们可以得到电场力使阴极

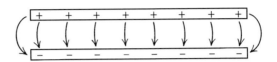

图2-10 一对带有相反电荷的平行金属板之间的电力线

射线在管端产生的位移是：

$$\begin{pmatrix} 电场力使 \\ 阴极射线 \\ 产生的位移 \end{pmatrix} = \cfrac{\begin{pmatrix} 射线粒子 \\ 的电荷 \end{pmatrix} \times \begin{pmatrix} 电场 \\ 强度 \end{pmatrix} \times \begin{pmatrix} 偏转区 \\ 长度 \end{pmatrix} \times \begin{pmatrix} 漂移区 \\ 长度 \end{pmatrix}}{射线粒子的质量 \times （射线粒子的速度）^2}$$

为了能利用测到的偏移来了解射线粒子的情形，必须知道带电金属板之间的电场强度。有一个方法是，在平行板间放置一个电荷已知的检验粒子（test particles），并测量作用于其上的力，于是，电场强度就是该力与检验粒子所带电荷的比；也可以由给金属板充电的电池的电压和两板间的距离来决定电场强度。实际上汤姆孙用的就是后一种方法。为此，我们需要先复习一下什么是电压，然后再回过头继续讨论决定电场强度的问题。现在，我们暂时把电场强度看成是已确定了的量。

正如我们已经知道的，在测量电场力的过程中，阴极射线的偏转只能给出射线粒子电荷与它的质量和速度平方乘积的比值，要想得到阴极射线粒子的电荷/质量，还必须知道射线粒子的速度。1894年，汤姆孙直接测量粒子的速度，但是测错了。1897年，他决定放弃这个结果，用另一种方法测量另一种不依赖于速度的力引起的偏转，这种力就是磁场力。

37-38

背景知识回顾：磁力

人类知道磁现象至少像知道电一样早。柏拉图的《蒂迈欧篇》中，不只是提到琥珀，也提到了"神奇的石头"（Heraclean stone），这是一种磁石，一种天然磁化了的铁矿石碎块。它可以吸起小铁块，并能使小铁块也具有磁性。[1]古代中国人很早就知道天然磁石，早在公元83年便有文字记载，而且已经把磁石不可思议地制作成罗盘，在方术中应用。[2]在1084年中国的一本书中，详细描述了如何把天然磁石制成一条小"鱼"，漂浮在水中作为一种罗盘。[3]也是中国人最早发现天然磁石有两个极，小块金属被吸到两个极上，其中一个极（所谓"指北性"）指向北方，另一极则指向南方。[12]

磁的知识在西方姗姗迟来。1269年，皮埃尔·德·马里古特 [Pierre de Maricourt，也称彼得·佩瑞格里努斯（Peter Peregrinus）] 才注意到天然磁石的磁性。[13]马里古特观察到的现象是磁铁的指北端排斥另一个磁铁的指北端，两个指南端也相互排斥。

科学的磁性认识基础，是伊丽莎白时代的威廉·吉尔伯特（William Gilbert）在伦敦奠定的。根据马里古特对磁铁极性的观察，吉尔伯特正确地猜到了罗盘的原理。他的猜测是，地球是一个大磁体，

---

1. 这种矿石的希腊名称是"马格尼西亚石"（λιθοσ Μαγνήτισ），是用天然磁石产地小亚细亚西部马格尼西亚城（今天土耳其的马尼萨城）命名的。现在称它为磁铁矿，即Fe_3O_4。元素镁（magnesium）也是以马格尼西亚城（Magnesia）命名的。
2. 罗盘的记载见于王充的《论衡》。李约瑟（Needham）在提到"司南"时援引过这本书。[12]"司南"是用一块天然磁石制成汤匙状，形如北斗七星。放在光滑的青铜板上时，司南转动，直到匙把指向南极。有趣的是中国总是把罗盘称为指南针，而欧洲则称为指北针。
3. 这里指的是曾公亮的《武经总要》（重大兵工技术要览），李约瑟曾援引该书。书中所述罗盘中的"铁鱼"不是用天然磁石制成，而是先把铁加热，然后将它固定于南北方向，使其冷却时磁化而成。

其磁南极在地理北极附近，吸引任何罗盘上的磁北极。也许最重要的是吉尔伯特已经注意到，尽管电与磁有某些相似之处，但却是两种不同的现象。磁石仅仅吸引铁，在吸铁时也无需事先摩擦；而琥珀可以吸引任何物质碎屑，并需用适当材料与它摩擦生电后才能实现。但是，虽然电和磁有区别，但两者又有密切联系。我们现在很清楚，天然磁石或马蹄形磁铁的磁性是铁原子内的电流造成的，而地磁是地球内部熔融物质中流动的电流形成的。这些复杂的现象至今仍在研究中，但却是揭开铁原子在固体物质中如何自行取向以及物质如何在地球内部流动等秘密的钥匙，不再是了解磁性本身的工具。在吉尔伯特之后，人们对磁的基本性质的了解不再通过研究铁或地球的磁性得到，而是通过研究电磁现象，即受控宏观电流产生的磁性。

发现电磁现象的功劳应归于汉斯·克里斯蒂安·奥斯特（Hans Christian Oersted，1777 — 1851）。这一发现的渊源仍不十分清楚。有一篇报道说，哥本哈根大学物理教授奥斯特在1820年初的一次讲课中做演示实验时注意到，当附近的导线有电流通过时，罗盘的指针发生偏转。奥斯特用的电源是一种类似现在汽车蓄电瓶的电池［这种电池已于1800年由康特·亚历山大·伏打（Count Alessandro Volta，1745 — 1827）发明］，这项发现在欧洲引起了对电流性质的大量实验研究。但奇怪的是，在奥斯特之前居然没有一个人注意到电磁现象。奥斯特最初可以使用的电流很弱，到1820年7月，他用更强的电池重复这一实验时，得出了惊人的结果：载流导线附近的罗盘指针会摇摆起来，直到指针指向垂直于导线也垂直于罗盘与导线间的连线时才停止下来。如果沿罗盘指针所指的方向不断移动罗盘，就会描绘出一个环绕导线的圆；改变电流的方向，罗盘指针也随之反向（图2-11）。

如果在导线与罗盘之间插入玻璃、金属或木板，上述效应仍然继续存 41
在。稍后不久，奥斯特发现这种效应是对称的：不仅载流导线对罗盘
这样的磁体施加作用力，而且磁体也对载流线圈施加作用力。载流线
圈的一端起磁体的北极作用，另一端则犹如南极。所以，磁和电并非
互不相关。

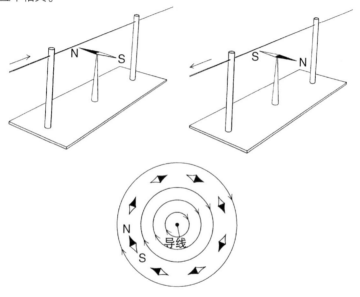

图2-11 载流导线施加力在罗盘指针上。力的方向取决于电流的方向。最下图
表示导线附近罗盘指针的受力方向，图中的电流方向是离开读者流入书页

　　人们通常认为，今天科学交流的速度和科学前进的步伐比以往各
个世纪都快得多，但是，奥斯特对电磁现象的发现在当时引起的巨大
冲击，至今仍然是罕见的。他最初的研究结果，于1820年7月21日在
4页用拉丁文写成的论文中向世人公布，它立即引起欧洲的科学院的
注意。[14] 不到年底，论文的译稿就在英文、法文、德文、意大利文和
丹麦文的科学期刊上出现了。

　　1820 年 9 月 11 日，巴黎法国研究院（Institut de France）介绍奥斯特的发现，这次介绍引起了重要的结果。综合工科学校的数学教授安培（André Marie Ampère，1775—1836）出席了这次报告会。随后，安培立即进行了一系列实验。一星期后，在研究院的下一次会议上，他宣布了新的重大成果：不仅电流施力于磁体、磁力施力于电流，而且几个电流之间也彼此施加作用力。特别重要的是，平行载流导线相互吸引或相互排斥，这取决于电流方向相同或相反。由此，安培很快得出结论：所有磁性都是电磁现象，天然磁石之所以具有磁性，正是因为磁石粒子里有微小的流动电流。

　　这种统一，给物理学家们带来由衷的欢悦。吉尔伯特曾认为，磁和电不完全是一回事，但是奥斯特和安培的发现，使物理学家知道磁现象不过是电流动的一种效应。电和磁的最终统一，是后来麦克斯韦在 19 世纪完成的，他修改了电场和磁场里的几个方程，得到了反映场对称性的方程组，但在这组方程里还缺少磁荷（magnetic charge）或磁流（magnetic current）。20 世纪，统一性有了进一步进展，电磁现象与一种不同的力——弱的核力（weak nuclear force）统一起来了。

　　电磁现象的具体特征，后来由安培和让·巴蒂斯特·毕奥（Jean Baptiste Biot，1774—1862）以及费利克斯·萨伐尔（Félix Savart，1791—1841）的进一步实验并在数学分析的基础上得到验证（毕奥和萨伐尔的实验方法稍有不同）。最简单的情形是两根长的、彼此平行的电流导线，正如安培所发现的那样，一条导线施加于另一条导线力的大小，由下面公式给出：

$$\begin{pmatrix} 导线2对 \\ 导线1的 \\ 作用力 \end{pmatrix} = \cfrac{2k_{\mathrm{m}} \begin{pmatrix} 导线1中 \\ 的电流 \end{pmatrix} \times \begin{pmatrix} 导线2中 \\ 的电流 \end{pmatrix} \times \begin{pmatrix} 导线 \\ 长度 \end{pmatrix}}{两导线间的距离}$$

　　这里的 k_{m} 是另一个普适常数，其值取决于用以测量力和电流的单位。[1]安培是电流的单位，它的定义是：当电流用安培度量、力用牛顿为单位时，$k_{\mathrm{m}} = 10^{-7}$。[2]

　　在处理更复杂的情形时，与其写一个在电流元（current element）之间相互作用的一般公式，不如采用电学中使用过的方法，引入磁场强度的概念。任何一点处磁场的方向，规定为置于该点磁北极所感受到的磁场力的方向。在天然磁石或其他永久磁体周围，[43]磁场强度的方向为离开北极（因为同极相斥）、指向南极（因为异极相吸）。（图2-12为磁棒周围的磁力线。）此外，正如奥斯特所发现的，长而直的载流导线，其附近一点的磁场强度垂直于导线与该点和导线的连线（图2-11）。[3]如前面提到过的，安培已经发现作用于第二条平行导线上的磁场力的方向 —— 沿着两条导线的连线并垂直

---

1. 既然 k_{m} 由此式定义，那么为什么我们不定义一个不同的常数，如 K_{m}，使它等于 $2k_{\mathrm{m}}$，并用 k_{m} 代入该式，省去无关宏旨的因子"2"呢？其原因在于，如果我们用这种方式消去因子"2"，"2"会出现在其他许多地方。例如，两条很短的平等载流导线，其间距比长度大得多，则平行电流线元之间的作用力会包含一个多余的因子2。

2. 这是安培的最初始定义；在实践中，这一定义已经部分地借助电解的定义代替。关于这一点，在本书第3章还会讨论。还有另一种电流的单位，即电磁安培或电磁单位（emu），它的定义是：两条相距1厘米的长载流导线，如果其中电流为1电磁安培时，其单位长度上的作用力为2达因。（即力用达因表示，电流用电磁安培度量，则 $k_{\mathrm{m}} = 1$。）由此很容易得出，1电磁安培＝10安培。安培和有关单位（如库仑和伏特）是几年前作为取代电磁单位的一部分而引入的（依我看，实际上是误入歧途）。电磁单位以厘米、克、秒为基础，这恐怕是更实用的单位。

3. 为了确定载流直线的磁场方向，安培给出了一个方便的规则：想象一个很小的人在导线中顺着电流方向游泳，他的脸面对待测磁场强度的那一点，那么磁场强度指着泳者的左臂。表达这一规则的另一种方法是：如果你将右手握着导线，大拇指对准电流的方向，那么握曲的四指所指的方向就是磁场的方向。

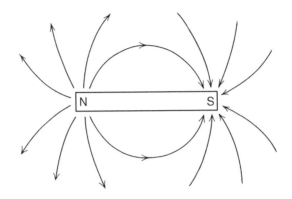

图2-12　磁棒周围的磁力线

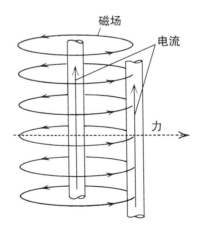

图2-13　电流对平行的另一电流所施加的磁场力

于两条导线，也就是说垂直于导线也垂直于磁场强度的方向。一般的
规则是：作用于任何载流导线元的磁场力方向，总是同时垂直于磁场
和导线（图2-13）。

在给定磁场中导线元受到的磁场力，正比于导线中的电流和线元的长度；该力也与磁场和导线之间的夹角有关，二者平行时磁场力为0，二者垂直时力最大。由此，我们可以定义磁场强度的大小，即规定作用在垂直于磁场的线元上的力，由下式给出：

$$\begin{pmatrix}导线上\\受的力\end{pmatrix}=\begin{pmatrix}导线中\\的电流\end{pmatrix}\times\begin{pmatrix}导线\\长度\end{pmatrix}\times\begin{pmatrix}磁场\\强度\end{pmatrix}$$

因此，磁场强度的单位是力除以电流再除以长度。例如，牛/（安·米。）[1] 地球的磁场强度大约是5×10^{-5}牛/（安·米），星际空间的磁场强度大约是10^{-9}牛/（安·米），在现代实验室中能稳定维持的最强的磁场强度约为10牛/（安·米）。

至此，我们可以把学到的知识综合起来，推导载流直导线所产生的磁场强度的公式。我们暂时回到两根平行导线的情况，其中一条导线产生的磁场强度垂直于另一条导线。如果我们要求第二条导线中的电流对第一条导线中的作用力（如第42页[2]的公式所示），就是第二条 [44] 导线产生的磁场所施加的力（如第43页公式所示），那么，我们可以得到第二条导线产生的磁场强度，即：

$$\begin{pmatrix}导线中电流产生\\的磁场强度\end{pmatrix}=\frac{2k_{m}\times电流}{离导线的距离}$$

---

1. 这个单位也称为韦伯/米^2，但在这儿我们不谈论它的原因。磁场强度的另一单位是高斯，它被物理学家普遍使用，其定义是1高斯（gauss）等于10^{-4}牛/（安·米）。高斯的使用如此广泛，以至于美国海军把潜水艇两次巡航间消去由于地磁场引起的艇身的轻微磁化的过程，称为"去高斯"（degaussing，即"消磁"）。

2. 本书正文中所指的页码均为原书页码，即本书的边码——译者注。

例如，长导线中的电流为15安培时，距导线0.02米处的磁场强度由上面公式得到：

$$磁场强度 = \frac{2 \times 10^{-7} \times 15}{0.02} = 1.5 \times 10^{-4} \ 牛 / （安·米）$$

这比地磁的磁场强度大，所以能使罗盘的指针剧烈偏转。

电磁现象的发现不仅立即影响了科学，而且立即在技术上产生了影响。钢铁厂和粒子加速器（particle accelerator）中使用的强磁铁都是电磁铁（electromagnet）。电磁铁中，磁场是由载流线圈中的电流产生的，而不是由天然磁石或其他永久磁体中原子内的电流产生的。在电磁现象的应用中，对人类历史意义最大的也许是电报。安培当时就看出，罗盘指针的偏转能指出导线中的电流是否已经接通，不管电流距开关有多远。因此，只要导线可以把足够强的电流送到很远的地方去，则被简化为"接通"和"断开"的系列信号的电文，即可送到远方。在奥斯特发现电磁现象之后的几年里，人们利用上述原理研制出多种形式的电报。1834年，高斯（Gauss）和韦伯（Weber）在哥廷根（Göttingen）建了一条电报线，把实验室和观象台连通了。后来，美国的塞缪尔·莫尔斯（Samuel F. B. Morse, 1791—1872）发明了一种很实用的电报，并于1834年在国会的支持下，在华盛顿和巴尔的摩（Baltimore）之间铺设了一条电报线。

安培和奥斯特都成了科学界的泰斗，欧洲各国所有科学协会都以他们是自己的会员为荣，然而他们两人的命运却彼此不同。安培伟大的数学天才与他的忧郁孤独的性格形影相随，终其一生。这也许并不奇怪，因为在法国大革命期间，他的父亲被送上了断头台。有许多关于安培的心不在焉的故事广为流传，例如，有一次在巴黎街上，他在一辆停在街头的马车厢体上进行一些计算，当马车走了以后，他的计算也被带走。到暮年时他说，他一生中只有两年是幸福的。

奥斯特经历的则是愉快的一生。在发现电磁现象后的前几年里，他建立了一个科学普及协会，并在丹麦、挪威和德国讲解和演示他的发现。1825年，他用电流成功地从铝化合物中分离出铝。1847年，他被授予丹尼布罗格大十字勋章（Grand Cross of the Dannebrog），为此他备感欣慰。他与汉斯·克里斯蒂安·安徒生（Hans Christian Andersen）是好朋友，安徒生称奥斯特是"大汉斯·克里斯蒂安"，称自己是"小汉斯·克里斯蒂安"。奥斯特成了民族英雄，他是布拉赫（Brahe）和玻尔（Niels Bohr）之间丹麦最伟大的科学家。1954年，当我在哥本哈根的尼尔斯·玻尔研究所就读研究生的时候，每天带我去研究所的电车要穿过一条长而热闹的马路，这条马路的名字是"H. C. 奥斯特路"。

阴极射线的磁偏转

在汤姆孙的实验中，阴极射线穿过一个受到均匀磁场作用的区域，其磁场方向垂直于阴极射线行进的方向。上一节讲述的磁场力理论的发展，使我们能够计算这一磁场作用于一段载流导线上的力，但是，我们这里要计算的是该磁场作用在阴极射线中任一带电粒子上的力。

威廉·韦伯（Wilhelm Weber，1804—1891）是首先把电流解释为带电粒子流动的物理学家之一。通过一种简便的方法，他可以由作用

于载流导线上已知的力，计算出作用于单个带电粒子上的磁场力。我
们已经知道，磁场作用于垂直磁场方向的一段载流导线上的力，等于
46　导线长度、导线上电流和磁场的乘积。因此，问题就成为怎样用导线
中单个带电粒子的速度和数目，来表达导线的长度与电流的乘积。

　　设想有一段载流导线，因为粒子运动的距离正好是它的速度与所
用时间的乘积，所以，导线的长度就等于粒子的速度乘以粒子穿过这
段长度所经历的时间。把这个乘积再乘以电流，就有：

$$\begin{pmatrix}导线\\长度\end{pmatrix}\times 电流=\begin{pmatrix}带电粒子\\的速度\end{pmatrix}\times\begin{pmatrix}电荷穿过这段导\\线所用的时间\end{pmatrix}\times 电流$$

　　现在看一下上式最后两个因子的乘积。由于电流是单位时间内流
过的电荷，因而电荷穿过这段导线所用的时间与电流的乘积，正好是
这段导线内的总电荷。因此，导线的长度乘以电流就等于导线中的电
荷乘上带电粒子的速度。[1]亦即：

$$\begin{pmatrix}导线\\长度\end{pmatrix}\times 电流=\begin{pmatrix}带电粒子\\的速度\end{pmatrix}\times\begin{pmatrix}导线中\\的电荷\end{pmatrix}$$

　　将上式与第43页的公式联合起来，我们可以看到作用于一段导
线上的磁场力，是导线中所有运动粒子的电荷、它们的速度和磁场强
度三者的乘积。如果所有粒子都有相同的电荷和速度，它们必然平等
地受到这一力的作用。因此，垂直于粒子运动方向的磁场，作用于一

---

1. 顺便说一句，这个公式不仅仅适用于电流和电荷。例如，100千米长的高速公路上有每小时1000
辆汽车的"车流"，车速每小时50千米，那么，由于100千米×（1000辆/时）＝2000辆×（50千米/
时），所以这段公路上，任一时刻的汽车数一定是2000辆。

个带电粒子的力由下式给出：

$$\begin{pmatrix} 垂直于粒子运动 \\ 速度的磁场对 \\ 粒子的作用力 \end{pmatrix} = \begin{pmatrix} 粒子的 \\ 电荷 \end{pmatrix} \times \begin{pmatrix} 粒子的 \\ 速度 \end{pmatrix} \times \begin{pmatrix} 磁场 \\ 强度 \end{pmatrix}$$

例如，由太阳发射到地球大气的粒子，每个粒子的电荷为 2×10^{-19} 库[47] 仑，速度约为 5×10^5 米/秒，因此，地球磁场 [约 5×10^{-5} 牛/（安·米）] 对这些粒子的作用力约为：

$$（2 \times 10^{-19} 库）\times（5 \times 10^5 米/秒）\times [5 \times 10^{-5} 牛/（安·米）] = 5 \times 10^{-18} 牛$$

这个力不很大，但是这些粒子的质量约为 5×10^{-26} 千克，所以地磁场使它们产生的加速度约为 5×10^{-18} 牛顿除以 5×10^{-26} 千克，得到的值为 10^8 米/秒²——远远大于万有引力产生的9.8米/秒²这个加速度值。如果粒子的速度不垂直于磁场，作用力就小一些；粒子如果沿磁场方向运动，作用力就等于零。这说明为什么太阳射出的高速带电粒子，由于地磁场的作用而趋向于沿地磁场方向运动，并从两个磁极撞入地球。当它们进入大气层时，就在地球两极产生美丽的北极光和南极光。

韦伯的工作重点从作用于载流导线上的磁场力，转移到作用于单个带电粒子的磁场力，这为汤姆孙将阴极射线当作单个带电粒子的流动奠定了基础。特别是，汤姆孙利用上面关于运动粒子被施予磁场力的公式，连同第27页的公式，就可以计算垂直于阴极射线的磁场所引起的位移。前面磁场力公式分子中的速度因子，与位移公式分母中速度平方的一个速度因子相抵消，即可得到位移值为：

$$\begin{pmatrix} \text{磁场引起} \\ \text{射线的位移} \end{pmatrix} = \frac{\begin{pmatrix} \text{射线粒子} \\ \text{的电荷} \end{pmatrix} \times \begin{pmatrix} \text{磁场} \\ \text{强度} \end{pmatrix} \times \begin{pmatrix} \text{偏转区} \\ \text{长度} \end{pmatrix} \times \begin{pmatrix} \text{漂移区} \\ \text{长度} \end{pmatrix}}{(\text{射线粒子质量}) \times (\text{射线粒子的速度})}$$

对汤姆孙来说，最重要的是磁力与速度成正比，所以磁偏转对阴极射线粒子的电荷、质量和速度的组合与电偏转不一样。

汤姆孙的研究结果

现在，我们要把前面几节讨论过的理论，与汤姆孙的实验结果结合起来，由此可以了解阴极射线粒子的一些性质。首先让我们回顾一下前面得到的主要结果。"偏转区"中垂直于阴极射线的电场和磁场，能够使阴极射线击中"漂移区"末端玻璃管壁上的位置发生位移，位移的大小分别由下面两式给出：

$$\text{电偏转} = \frac{\begin{pmatrix} \text{射线粒子} \\ \text{的电荷} \end{pmatrix} \times \begin{pmatrix} \text{电场} \\ \text{强度} \end{pmatrix} \times \begin{pmatrix} \text{偏转区} \\ \text{长度} \end{pmatrix} \times \begin{pmatrix} \text{漂移区} \\ \text{长度} \end{pmatrix}}{\begin{pmatrix} \text{射线粒子} \\ \text{的质量} \end{pmatrix} \times \begin{pmatrix} \text{射线粒子} \\ \text{的速度} \end{pmatrix}^2}$$

$$\text{磁偏转} = \frac{\begin{pmatrix} \text{射线粒子} \\ \text{的电荷} \end{pmatrix} \times \begin{pmatrix} \text{磁场} \\ \text{强度} \end{pmatrix} \times \begin{pmatrix} \text{偏转区} \\ \text{长度} \end{pmatrix} \times \begin{pmatrix} \text{漂移区} \\ \text{长度} \end{pmatrix}}{\begin{pmatrix} \text{射线粒子} \\ \text{的质量} \end{pmatrix} \times \begin{pmatrix} \text{射线粒子} \\ \text{的速度} \end{pmatrix}}$$

汤姆孙知道阴极射线管里的电场强度和磁场强度，也知道偏转区和漂移区的长度，他还测量出电场力和磁场力引起的偏转。那么，对于阴极射线粒子，他能推导出什么结果呢？显然，无论是汤姆孙还是别人，都不可能利用这两个公式分别算出阴极射线粒子的质量和电荷，因为在这两个公式中出现的都只是这两个量的比。没关系，因为这两个比值本身就很有意义（在第3章，我们将再讨论分别测量电子的质量和电量的问题）。另一个问题是，这两个公式中没有一个能靠自身就求出阴极射线的电荷与质量之比[1]，因为汤姆孙并不知道粒子的速度。但是，正如我们前面说过的，通过测量电场和磁场引起的偏转，便可以解决这个难题。例如，我们取这两个公式之比，于是等式右边的电荷、质量和两个长度都消去了，但速度没有消掉，因为它在一个公式中以平方形式出现，而在另一个公式中是一次方。由此，我们得到了一个简单的结果：

$$\frac{磁偏转}{电偏转}=\frac{磁场强度}{电场强度}\times 速度$$

上式中电场强度和磁场强度是已知的，磁偏转和电偏转可以测出，因此汤姆孙可以得到阴极射线粒子的速度。然后，把速度作为已知量，他就可以由电偏转和磁偏转的任一个公式求出阴极射线粒子的荷质比（或质荷比）。

现在讨论一下实验测出的数据。汤姆孙在几种不同的情形下测量了阴极射线的电偏转和磁偏转。这些不同情形的差别在于：磁场强度和电场强度大小不同，管内气体的低压值不一样，阴极的材料不同，阴极射线的速度不同。他的观测结果见表2-1，此表是根据1897年发表于《哲学杂志》[15]的文章改编的。这些测试，汤姆孙所用的阴极

---

1. 电荷与质量之比，简称为荷质比，单位为库/千克。后文有质量与电荷之比，简称为质荷比，单位为千克/库，请读者注意区别 —— 译者注。

射线在电场力和磁场力影响下飞行的距离（偏转区长度）都是0.05米，而在到达管壁前自由飞行的距离（漂移区长度）都是1.1米。

表2-1　　　　汤姆孙阴极射线电、磁偏转实验结果[1]

阴极射线管内的气体	阴极材料	电场强度/（牛/库）	磁偏转/米	磁场强度/［牛/（安·米）］	磁偏转/米	推算出的射线粒子速度/（米/秒）	推算出的粒子质荷比/（千克/库）
空气	铝	1.5×10^4	0.08	5.5×10^{-4}	0.08	2.7×10^7	1.4×10^{-11}
空气	铝	1.5×10^4	0.095	5.4×10^{-4}	0.095	2.8×10^7	1.1×10^{-11}
空气	铝	1.5×10^4	0.13	6.6×10^{-4}	0.13	2.2×10^7	1.2×10^{-11}
氢	铝	1.5×10^4	0.09	6.3×10^{-4}	0.09	2.4×10^7	1.6×10^{-11}
二氧化碳	铝	1.5×10^4	0.11	6.9×10^{-4}	0.11	2.2×10^7	1.6×10^{-11}
空气	铂	1.8×10^4	0.06	5.0×10^{-4}	0.06	3.6×10^7	1.3×10^{-11}
空气	铂	1.0×10^4	0.07	3.6×10^{-4}	0.07	2.8×10^7	1.0×10^{-11}

49-50　　　表2-1最后两列，是从汤姆孙所测的电偏转和磁偏转算出的，分别是阴极射线粒子的速度和质量/电荷（质荷比）。在本书附录B，给出了计算这些量的公式的详细推导。在这里，我们仅验证一组结果，看看计算结果是否正确。以表2-1中第一行为例，在这轮实验中电场强度、磁场强度分别是1.5×10^4牛/库和5.5×10^{-4}牛/（安·米），计算出的阴极射线速度为2.7×10^7米/秒，粒子的质荷比为1.4×10^{-11}千克/库（相当于荷质比为7×10^{10}库/千克）。利用本节开头的公式，求出偏转值如下：

---

1. 相同的电场有不同的电偏转，是因为不同情形下阴极射线速度不同造成的。电偏转值与磁偏转值相同，是因为在每一轮实验中，汤姆孙都调整磁场强度，使其偏转与电偏转相同。我曾用汤姆孙公布的数据，计算了最后两行给出的结果。我的某些结果与汤姆孙的结果在第二位数字上差1，我猜想这是因为汤姆孙在发表前对实测数据做了四舍五入的修改，而他计算时用的又是实测数据。

$$电偏转 = \frac{\left(\dfrac{7 \times 10^{10}}{库/千克}\right) \times \left(\dfrac{1.5 \times 10^4}{牛/米}\right) \times 0.05米 \times 1.1米}{\left(2.7 \times 10^7 米/秒\right)^2} = 0.08米$$

$$磁偏转 = \frac{\left(\dfrac{7 \times 10^{10}}{库/千克}\right) \times \left[\dfrac{5.5 \times 10^{-4}}{牛/(安 \cdot 米)}\right] \times 0.05米 \times 1.1米}{\left(2.7 \times 10^7 米/秒\right)} = 0.08米$$

结果与测量的偏转相符，说明计算的速度和质荷比是正确无误的。顺便说一句，电偏转和磁偏转的值在这轮实验中相同（其他各轮实验也如此），这并没有什么重要意义，只是因为汤姆孙发现，把这两个偏转调整得相同带来了许多方便。

表2-1最后的一列，显示出合理的一致性。尽管阴极射线管内的气体和阴极材料逐轮不同，阴极射线粒子的速度改变了大约2倍，但各种情形下阴极射线粒子的质荷比都相当接近。至少对汤姆孙来说，这是令人信服的证据，即阴极射线是由一种带电粒子组成的，这种粒子有确定的质量和电荷，与发射这种粒子的材料无关。

汤姆孙测得的阴极射线粒子的质荷比平均值是 1.3×10^{-11} 千克／[51] 库。汤姆孙没有公布每次测量不确定性的估计（如果在今天，这一缺点会使任何高水准物理学杂志将论文退回给作者）。然而，从他所得到的质荷比数值的分散情况来看，我们推断这些值的统计误差大约是 0.2×10^{-11} 千克／库。

汤姆孙的结果是：质荷比为 $1.1 \times 10^{-11} \sim 1.5 \times 10^{-11}$ 千克／库；而

现代的结果是 0.56857×10^{-11} 千克/库。显然，汤姆孙的结果与现代的
结果相差很远。因为他的结果有相当好的内在一致性，人们怀疑汤姆
孙在他的各轮实验中，对电场强度和磁场强度的测量存在某种大的系
统误差。但 100 年过去了，谁又能再说什么呢？汤姆孙并不擅长于使
用仪器，但他并没有单纯依靠电偏转和磁偏转的测量来确定阴极射线
粒子的质荷比，他还用了另一种方法，即测量阴极射线管端积蓄的热
能。在下面一节回顾能量的概念以后，我们再回头讨论这种方法。

背景知识回顾：能量

　　运动的物体具有一种能力，能够影响被它撞击的物体。从日常
经验 —— 雨滴落地、子弹射到靶上，或电子撞到阴极射线管的管
端 —— 我们知道，这些影响的程度随运动物体的质量和速度的增大
而加强。事实上，有一个包含物体质量和速度的简单公式，提供了极
为有用的度量，它名叫动能（*kinetic energy*），由下式表达：

$$动能 = \frac{1}{2} \times 质量 \times （速度）^2$$

　　能量有多种形式，但动能是最容易描述的一种形式，可以作为
其他能量的原型（prototype）。在米-千克-秒单位制（即国际单
位制 —— 译者）中，能量的单位是焦耳（joule，J）。例如，质量为
2×10^3 千克的汽车，速度为 30 米/秒，其动能则为

$$\frac{1}{2} \times （2\times10^3 千克） \times （30 米/秒）^2 = 9\times10^5 焦$$

　　质量和速度的这种特定组合形式的重要性，在于它与功（work）[52]有密切关系。功是力作用于物体，并使物体前进一段距离所完成的量的量度。简言之，功等于力和距离的乘积。当我们提起一个重物时就会意识到，我们做的功正比于我们反抗重力（即物体的重量）所必须施加的力，而且正比于物体被提起的高度。当作用于物体的力不被其他力（如重力）平衡，就会使物体产生加速度。在这种情形下，物体动能的增加正好等于力所做的功（这一结果的证明可参见本书附录D）。例如，用1牛的力将物体推进1米，物体的动能正好增加1焦。这个说法反过来也成立：当运动物体推动一个障碍物时，物体做的功等于它动能的减少量。在定义动能时加入因子"1/2"，是为了使物体动能的变化与物体受到（或完成）的功之间有一个简单的关系式。

　　动能和功的关系，直接导致动能的第二个重要性质：在许多情况下，动能是守恒的（conserved）。例如，在弹子球游戏中，母球撞击8号球，如果在碰撞中两个球都没有明显的发热或别的什么变化，那么，即使母球失去一些动能，8号球获得一些动能，两球动能之和在碰撞前后也是相等的。这是因为，根据牛顿第三定律，母球作用于8号球的力与8号球作用于母球的力，大小相等，方向相反；此外，只要两球处于接触状态，它们就移动相同的距离。因此，对8号球做的功等于母球做的功，8号球动能的增加一定被母球动能的减少所平衡，所以总动能保持不变。

　　当然，如果两个物体相隔一段距离而相互作用时，动能就不守恒。例如，在重力作用下小球下落就属于这种情况。在这个例子中，下落物体显然获得了动能，而地球的动能基本上保持不变，这是在物理

学中运用能量概念时一再遇到的问题。开始，能量定义只在有限情形
（如弹子球碰撞）下是守恒的，后来人们发现，在较大的范围里动量
不守恒。事实证明，物理学对这个问题最好的回答，不是放弃能量的
概念，而是扩大这个概念 —— 定义一种新的能量，使所有种类能量
的总和保持守恒。

　　在落体的情形下，我们可以定义另一种能量 —— 位置的能量，
或势能，从而可以使动能和势能的总和保持不变。例如，我们如果把
物体在地球表面附近重力场中的势能定义为 "作用在物体上恒定的重
力乘以物体距地面的高度"，那么，不论物体是否一直落到地面，落
体势能的减少等于物体受到的重力乘以下落的距离；这正是重力做的
功，等于该物体动能的增加量。势能的减少被动能的增加所平衡，所
以总能量守恒（图 2-14）。我们以后还会看到，对其他的力场也可以
用类似的方法定义其势能，如电场中的势能。

　　即使某种场施加的力逐点不同，我们仍然可以把物体在给定位置
的势能，定义为将物体从该点移到一个固定参考点（如地球表面）场
力所做的功。物体从一个位置移到另一个位置所获得的动能，正好等
于这两个位置的势能差。于是，总的机械能（mechanical energy），即
动能与势能的和，保持恒定不变。

　　在电场中我们知道，作用在带电物体上的电力总是正比于所携带
的电荷，因此在电场中，定义 "电势"（electric potential）是很方便的，
即电势是带电粒子的势能除以电荷。在米－千克－秒单位制中，势能
的单位是焦，那么电势的单位就是焦/库，这个单位有一个特定名称：

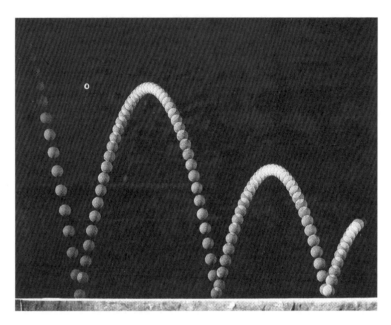

图2-14 在这张弹跳的高尔夫球频闪照片中，每两次曝光的时间间隔相等而且间隔很短。这张照片表明了球运动的高度和最终达到的速度之间的关系以及势能（potential energy）和动能之间的转换。在每次弹跳的最高点，球的能量全部是势能；而在最低点，全部是动能

伏特（volt）。换句话说，当一个带1库仑电荷的物体通过1伏特电势从 55
一个地点移到另一个地点时，电场对这个物体做了1焦的功。这一概
念的重要性在于，电势可以用来表征电荷运动中的环境特征，而无须
考虑电荷本身的数值。电池可以看成在它的正负两极之间，或者在连
接两极的导线之间产生固定电势差（electric-potential difference）的
装置。例如，假定1.5伏特的闪光灯电池使0.1安培的电流流过灯泡的 56
钨丝，那么，每秒钟从电池的一极转移到另一极的电量为0.1库仑。电
池对每1库仑做的功是1.5焦，所以功率为每秒0.15焦（即0.15瓦特，
1瓦特＝1焦/秒）。

动能的思想是荷兰物理学家克里斯蒂安·惠更斯（Christian Huygens，1629—1695）在一本书里引进的，这本书在他死后于1706年出版。这一概念[1]在18世纪对力学的发展起了重要作用；在19世纪，因为将动能和势能合在一起成为一个更普遍的能的概念，动能的用途大大地扩展了。

对能的这种更普遍的新的理解，应归功于科学史上最杰出人物之一、美国人本杰明·汤普森（Benjamin Thompson，1753—1814），他在1792年成为神圣罗马帝国（Holy Roman Empire）的朗福德伯爵（Count Rumford）。汤普森通常被人们描述为"忠实的人、叛徒、密探、密码使用者、机会主义者、色鬼、慈善家、极端利己主义者、幸运的军事指挥员、军事和技术顾问、发明家、剽窃者、热学专家和世界上最大的科学普及示范场所——皇家研究院的奠基人"。[16]他出生于美国马萨诸塞州的沃本（Woburn），1776年美国革命爆发时他逃到英国，从那里又去了德国。正是在德国，在他任巴伐利亚军队的指挥官时，他对大炮的研究使他对当时有关热本质的流行观点产生了怀疑。当时普遍认为，热是一种没有重量的流体，并称它为"热质"（caloric）。但汤普森发现，在给大炮身上钻孔时，机械功可以使热量无限制地连续产生，因此他抛弃了热质说。他认为，热是一种运动形式，但他没有用精确的术语表达他的想法，也没有阐述机械功和热之间的等价关系。

19世纪40年代，朱利乌斯·迈尔（Julius Mayer，1814—1878）和詹姆斯·普雷斯科特·焦耳（James Prèscott Joule，1818—1889）向

---

1. 在拉丁文中，这一概念通常用 *vis viva* 表示。

前迈进了一步。他们各自独立地得到的结论是：热和机械能可以相互
转化，一定数量的功总是得到确定数量的热，反之亦然（图2-15为詹
姆斯·普雷斯科特·焦耳证实能量守恒的实验的原理与设备）。用现
代术语说就是：产生1卡路里的热需要的机械能是4.184焦。（卡路里
的定义是：将1克水的温度从3.5℃升高到4.5℃所需要的热量，它近
似等于任意温度的1克水温度升高1℃所需要的热量。）[1] 例如前面已经
提到过，在地球表面上1千克质量的物体受到的重力为9.8牛顿，如
果它下落1米，它的动能将是9.8牛·米，即9.8焦。如果该物体落入
一桶水中，水会溅起来产生运动，过一会儿水停止运动后，落体所有 [57]
的动能全部转变为热能，由此产生的热量是：

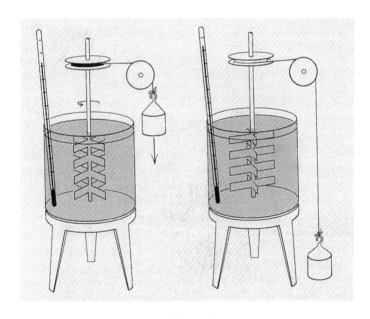

a图：实验原理示意

1. 千克·卡路里（kilogram-calorie）是卡路里的1000倍，常用来度量食物的能量，称作大卡

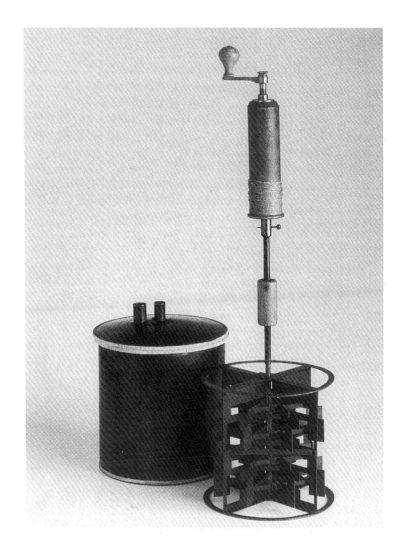

b图：实验设备照片

图2-15　詹姆斯·普雷斯科特·焦耳用这套设备完成了证实能量守恒的实验。
重物下落带动叶片转动，叶片与水摩擦产生热量加热了水，而水温的增加是可以
测量的

$$\frac{9.8焦}{4.184焦/卡}=2.3卡$$

如果桶里盛有10千克（10^4克）水，那么水温将升高2.3×10^{-4}℃。这个温度变化极细微，它可以说明人类为什么花费了那么长的时间，才确信机械能和热能之间彼此可以转换。

既然机械能和热能可以相互转换，所以能量的概念可以推广到包括热能在内。1卡路里被视为4.184焦的热能。当机械能转变成热能（例如给大炮钻孔）时，或者当热能转变成机械能（如蒸汽机工作）时，总能量仍然是守恒的。这种想法的妙处就在于允许我们在对许多现象的本质不完全清楚之前，做出精确的预言。例如，重物落入一桶水中是一件颇为复杂的事情，没有人能够对水的溅射和波纹的全部细节做出解释，但是却可以利用能量守恒定律非常可靠地预言水温的升高。据说，焦耳在度蜜月期间，验证了瀑布落下后水温的上升。

汤姆孙实验中的能量关系

现在我们可以解决汤姆孙实验中所遗留的问题了。

首先，汤姆孙怎样知道阴极射线管里两块平行充电铝板间的电场呢？在前5轮实验中，汤姆孙把两块充电铝板分别接到225伏特的电池两极上，这意味着把任意电荷从一块板移到另一块板的过程中，电池要做功225焦／库。两板间的距离是0.015米。因为功等于力乘距离，所以每库仑的电场力乘以0.015米就得到225焦／库。再用距离除就得到每库仑的电场力：

$$\frac{225\text{焦/库}}{0.015\text{米}} = 1.5 \times 10^4 \text{焦/（库·米）} = 1.5 \times 10^4 \text{牛/库}$$

记住：1焦＝1牛·米，每库仑受的力正是电场强度，如表2-1前5行所表示的（最后两轮实验中，用270伏特和150伏特的电池代替了225伏特的电池，因而得到了不同的电场强度）。

这一个简单的计算暗示我们，汤姆孙的实验可以用不同的方法完成。如果阴极和阳极分别接到电压已知的电池或发电机的两极，那么，每库仑阴极射线粒子得到的动能，恰好等于电压。[1]动能等于粒子质量乘以速度平方的一半，所以，再除以电荷就有：

$$\begin{pmatrix}\text{阴极和阳极}\\ \text{间的电压}\end{pmatrix} = \frac{\frac{1}{2} \times \text{粒子质量} \times (\text{粒子速度})^2}{\text{粒子的电荷}}$$

1. 在这类实验中，有一个单位很自然地会被采用，这个单位是电子伏特（eV），即电子（或任何其他携带相同电荷的粒子）经过1伏特电势差时，获得或失去的能量。例如，在汤姆孙或考夫曼（Kaufman）的实验中，阴极射线管的两极分别接到300伏特电池的负极和正极上，那么，每个从阴极射线管受到加速的电子，才将得到300电子伏特的动能。遗憾的是不知道电子的电量，所以我们无法知道电子伏特与普通能量单位（如焦耳或尔格）之间的关系。按伏特的定义，以焦耳为单位的功等于伏特乘以库仑，所以1电子伏特的焦耳数正好等于电子电荷的库仑数。由于密立根（Millikan）的研究（在第3章讨论），得知电子的电荷为 1.6×10^{-19} 库仑，所以1电子伏特＝ 1.6×10^{-19} 焦耳（更精确值是 1.602×10^{-19} 焦耳）。对基本粒子的能量，我们可以随意选用任何单位，但是，电子伏特已经是传统的能量单位。所有物理学家都知道，把电子从氢原子中取出来需要13.6 eV 的能量；从有代表性的中等原子核里取出一个中子或质子，大约需要8兆电子伏特（MeV）的能量，等等。19世纪90年代的阴极射线管产生的电子束，其能量达数百 eV。20世纪30年代，考克罗夫特（Cockcroft）和瓦尔顿（Walton）在卡文迪许实验室以及劳伦斯（E. O. Lawrence）在伯克利建造的加速器，可以使质子获得 $10^5\sim10^6$ eV 的能量。20世纪40年代末，加速器可使质子产生的动能超过 10^8 eV；50年代可达到 10^9 eV（1 GeV）。今天，这个纪录由在芝加哥附近的费米国立加速器实验室（Fermi National Accelerator Laboratory）保持，它可以使质子获得 10^{12} eV 的动能。建造中的、总部位于日内瓦的欧洲核子研究中心实验室（CERN Laboratory）的加速器可使质子获得 8×10^{12} eV 的动能。但是，人工制造的加速器，其能量远远赶不上宇宙射线（cosmic rays）中能量最高的射线。宇宙射线由质子和其他粒子组成，它们来自星际空间，闯入地球的大气层，它们携带的能量最高达 10^{21} eV。可惜的是，高能宇宙射线不常见，而且与地球大气的相互作用很复杂，所以它们不能取代人造加速器。

不难看出，这个公式右边出现的射线粒子的参量组合，正好与第36页电偏转公式中的组合相同，只不过分子分母对换了。因此，原则上电偏转测量的困难可以用阴极和阳极之间的电压来替代。

1896—1898年，柏林物理研究所（Berlin Physics Institute）的沃尔特·考夫曼（Walter Kaufmann, 1871—1947）曾使用后一种方法测量了阴极射线粒子的质荷比，其值为 0.54×10^{-11} 千克／库，与现代值 0.56857×10^{-11} 千克／库十分接近。但是，我们在下一节将会看到，考夫曼在对阴极射线的粒子本性做结论时踌躇不前，甚至向后退了。 [59]

大约在同时，埃米尔·维歇特（Emil Wiechert）在柯尼茨堡（K-nigsberg）也在测量阴极射线的磁偏转。他在测量阴极射线的速度时，把阴极和偏转射线用的（电）磁铁都连接到交流电上，而不用直流电。他发现，只有当阴极是带负电的那一半时才有阴极射线出现；而且观察到，偏转的方向依赖于阴极射线从阴极飞到偏转区经历的长度，也就是说依赖于阴极射线的速度。由这一结果，维歇特做出结论说：阴极射线由带电粒子组成，粒子的质荷比大约是 0.5×10^{-11} 千克／库。

最后，我们讨论一下汤姆孙在1897年得到最可靠的质荷比所使用的方法。在这个方法里，阴极射线被引入一个小金属收集器中。收集器不但能捕获阴极射线的电荷，也能俘获其动能，并将它转化为热能。收集器中积累的热量与电荷之比，就是每个射线粒子的动能与其电荷之比：

$$\frac{积累的热能}{积累的电荷} = \frac{\frac{1}{2} \times 粒子质量 \times (粒子速度)^2}{粒子的电荷}$$

上式右边射线参量的组合又恰好与第36页电偏转公式的组合一样（只不过分子与分母互换了位置），所以这个参量组合可以通过测量积累的热能与电荷之比来确定，而不必测量电偏转或两极间电压。这是能量守恒定律具有威力的又一个范例。对阴极射线撞入金属收集器时发生的详细物理过程，汤姆孙并不了解，但他确信收集器热能的增加，一定精确地等于阴极射线粒子被收集器阻碍而丧失的功能。

表2-2中列出了汤姆孙用3种不同的阴极射线管实际测量的结果。第二列给出的是所测量的阴极射线在持续的时间（约1秒）里，收集器中积累的热能和电荷之比。第三列给出的是阴极射线粒子的质量乘

60

表2-2　　　汤姆孙测量的阴极射线积累的热能/电荷以及磁偏转[17]

阴极射线管里的气体	积累的热能/电荷的测量值（焦/库）	质量×速度/电荷（用磁偏转测出）/[千克·米/（秒·库）]	推算的速度/（米/秒）	质量/电荷/（千克/库）
管1:				
空气	4.6×10^3	2.3×10^{-4}	4×10^7	0.57×10^{-11}
空气	1.8×10^4	3.5×10^{-4}	10^8	0.34×10^{-11}
空气	6.1×10^3	2.3×10^{-4}	5.4×10^7	0.43×10^{-11}
空气	2.5×10^4	4.0×10^{-4}	1.2×10^8	0.32×10^{-11}
空气	5.5×10^3	2.3×10^{-4}	4.8×10^7	0.48×10^{-11}
空气	10^4	2.85×10^{-4}	7×10^7	0.4×10^{-11}
空气	10^4	2.85×10^{-4}	7×10^7	0.4×10^{-11}
氢	6×10^4	2.05×10^{-4}	6×10^7	0.35×10^{-11}
氢	2.1×10^4	4.6×10^{-4}	9.2×10^7	0.5×10^{-11}
二氧化碳	8.4×10^3	2.6×10^{-4}	7.5×10^7	0.4×10^{-11}

续表

阴极射线管里的气体	积累的热能/电荷的测量值/（焦/库）	$\dfrac{质量 \times 速度}{电荷}$（用磁偏转测出）/[千克·米/（秒·库）]	推算的速度/（米/秒）	质量/电荷/（千克/库）
二氧化碳	1.47×10^4	3.4×10^{-4}	8.5×10^7	0.4×10^{-11}
二氧化碳	3×10^4	4.8×10^{-4}	1.3×10^8	0.39×10^{-11}
管2：				
空气	2.8×10^3	1.75×10^{-4}	3.3×10^7	0.53×10^{-11}
空气	4.4×10^3	1.95×10^{-4}	4.1×10^7	0.47×10^{-11}
空气	3.5×10^3	1.81×10^{-4}	3.8×10^7	0.47×10^{-11}
氢	2.8×10^3	1.75×10^{-4}	3.3×10^7	0.53×10^{-11}
空气	2.5×10^3	1.60×10^{-4}	3.1×10^7	0.51×10^{-11}
二氧化碳	2×10^3	1.48×10^{-4}	2.5×10^7	0.54×10^{-11}
空气	1.8×10^3	1.51×10^{-4}	2.3×10^7	0.63×10^{-11}
氢	2.8×10^3	1.75×10^{-4}	3.3×10^7	0.53×10^{-11}
氢	4.4×10^3	2.01×10^{-4}	4.4×10^7	0.46×10^{-11}
空气	2.5×10^3	1.76×10^{-4}	2.8×10^7	0.61×10^{-11}
空气	4.2×10^3	2×10^{-4}	4.1×10^7	0.48×10^{-11}
管3：				
空气	2.5×10^3	2.2×10^{-4}	2.4×10^7	0.9×10^{-11}
空气	3.5×10^3	2.25×10^{-4}	3.2×10^7	0.7×10^{-11}
氢	3×10^3	2.5×10^{-4}	2.5×10^7	1.0×10^{-11}

以速度再除以电荷，正如第47页的公式由测量阴极射线的磁偏转所得到的值。从测量值所推算出来的阴极射线粒子的速度和质荷比，由最后两列分别给出。计算质荷比和速度的公式的推导，参见本书附录E。现在，我们只验证其中一个结果。利用表2-2第一行的速度和质荷比，代入第59页的公式，得到热能与电荷的比值为：

$$\frac{1}{2} \times \left(0.57 \times 10^{-11} 千克/库 \right) \times \left(4 \times 10^7 米/秒 \right)^2 = 4.56 \times 10^3 焦/库$$

这正好是汤姆孙测到的值。（顺便提一句，在这个实验中，收集器积累的电荷一般为十万分之几库仑，即十万分之几安培的电流，所以积累的热能是每秒百分之几焦耳——这足以使小小的收集器的温度每秒升高几摄氏度。）

很明显，这种方法比测量电偏转和磁偏转的方法要好得多。前两个阴极射线管的结果相当一致，得到的质荷比的平均值是0.49×10^{-11}千克/库，与现代值0.56857×10^{-11}千克/库相差不多。但奇怪的是，汤姆孙却偏爱第三个阴极射线管得到的结果，这一结果几乎为现代值的2倍。其中原因很可能是这一结果与他测量的电偏转和磁偏转得到的结果更为接近。即便如此，汤姆孙多年引用的质荷比都是10^{-11}千克/库。

我们在第3章还会讲到如何分别测量阴极射线粒子的电荷和质量。

作为基本粒子的电子

到此为止，汤姆孙完成的全部工作是测定阴极射线粒子的质荷比。但是他却由此匆匆地得出一个结论：这种粒子是所有物质普遍的基本成分。他说：

　　……在阴极射线里，物质处于一种新的状态，即物质在这里比在普通气态中分割得更细。从氢、氧等不同来源而派生出来的所有物质，在这种状态下完全是同一种物质；这种物质是构成一切化学元素的材料。[17]

这个结论影响深远。在很多年以后他又回忆说：

开始只有很少人相信存在比原子更小的物体。一位著名物理学家听了1897年我在皇家学会的演讲之后很久，还对我说，他认为我在"愚弄他们"（pulling their legs）[18]。

的确，根据汤姆孙1897年的实验，根本无法证明原子内存在更小的粒子。汤姆孙并没有声称他已经证明了这一点，但是有一些迹象使他可以得出这个影响深远的结论。

迹象之一是，测量到的质荷比有普适性。阴极射线粒子的质荷比，似乎与进行测量的环境无关。例如我们在上一节里看到的，在铝阴极含二氧化碳气体的阴极射线管里与铂阴极含空气的阴极射线管里（尽管这两种情形下阴极射线的速度很不相同）得到的质荷比差不多相同（见表2-1中数据的第5行和第6行）。汤姆孙还援引了荷兰光谱学家彼得·塞曼（Pieter Zeeman，1865 — 1943）的研究成果：原子内造成光的发射和吸收的电荷运动，可以用类似的质荷比来表征。

［塞曼当时正在研究钠元素在磁场中的光谱（spectrum）。任何元素的光谱，都是该元素原子能够吸收和发射的光的特征频谱线。例如，把含有某种元素的化合物放在火焰上，然后使火焰的光通过棱镜或衍射光栅（diffraction grating），火焰的光将因色散而分解成各种颜

色的色带。在色带中有某些特定颜色的亮线，它们对应的频率是该元素原子发射光的频率。不同颜色光之间的差别很简单，仅仅是频率上的差别，如紫色光的频率约为红光的2倍，其他颜色的光的频率位于这两个频率之间。类似地，如果让不含任何元素的纯火焰通过含有同样元素原子的冷蒸气，然后通过棱镜或衍射光栅，色带再次出现，但在原来出现亮线的地方出现了暗线。这些暗线标志着火焰中这些频率的光被气体原子吸收了。钠光谱含有一对很显眼的谱线，称为D线，接近橙色光的频率。正是这些D线使钠灯发出橙色光，它可以用在高速公路的照明上。塞曼在观察中发现，这些通常很窄小的D线在磁场中变宽了，而且这种频率变宽的程度与磁场强度成正比。1896年，荷兰物理学家亨德里克·安东·洛伦兹（Hendrick Antoon Lorentz，1853—1928）利用这个正比关系中的系数，推算出原子中电荷携带的质荷比。令人惊诧的是他很早就得到了这个值，比汤姆孙发现电子

63 早1年，比卢瑟福发现原子核的构造早15年，比玻尔阐明原子发射和吸收光的频率与轨道电子能量相关要早17年。洛伦兹使用了拉莫尔爵士（Sir Joseph Larmor）的定理，即：恒定磁场对质荷比相同的带电粒子系统的影响，与从一个以特定频率旋转的坐标系上观察该系统，其影响完全一样。这个特定频率如今称为拉莫尔频率，它正比于磁场强度，反比于质荷比，而与粒子的其他性质、运动状态及可能受到其他力的作用等没有关系。例如，一个仅仅受磁场力作用的粒子将绕磁场方向以拉莫尔频率旋转，这正好与下述情况看到的运动相同：该粒子不受力，做匀速直线运动，而观察者的参考系则以拉莫尔频率绕磁力线方向旋转。如果在没有磁场时，粒子受到其他一个力的作用使它以某种固有频率（natural frequency）做周期运动，那么，在有磁场时，

64 其运动将成为三个周期运动的叠加：一个周期运动的频率是原来的固

有频率，另外两个的频率分别是固有频率加减拉莫尔频率。所以，频率的分裂是拉莫尔频率的2倍。洛伦兹假定，原子发射或吸收光的频率等于这些运动频率，所以在磁场中这些频率的分裂应该是磁场拉莫尔频率的2倍，因而可以用来计算原子里电流携带者的质荷比。实际上，这种对原子发射或吸收光的频率的解释是不正确的，不能解释D线，只是碰巧在某些特别情况下有效。洛伦兹是幸运儿，尽管钠的两条D线的频率被磁场分裂时，并非每条分裂为两个频率，而是分别分裂为4个或6个频率（见图2-16），而且这些频率的分裂根本不能由洛伦兹理论给出，塞曼也未能详细辨认这些频率，但碰巧的是总频率的扩展竟意外地近似为拉莫尔频率的2倍。]

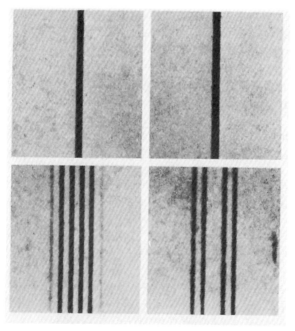

图2-16　塞曼效应。钠光谱中的D双线被磁场分裂为分别由几条谱线组成的两组频谱线

　　塞曼的测量结果提供了原子中运动电荷携带者质荷比的粗略估计，而汤姆孙的阴极射线实验证明这些电荷携带者不仅仅是原子结构的一部分，而且既可以独立存在于原子内部，也可以独立存在于原子外部。因此，不论普通物质中还含有别的什么，至少其中含有一种共同成分，这种成分能够以阴极射线的形式从金属中发射出来。不久之后，当人们（以类似于汤姆孙的方法）发现，放射性物质辐射的 β 射线的质荷比与阴极射线粒子的质荷比相同时，这种粒子的普适性才得到了证实。1899年，汤姆孙自己证明了在光电效应中或从白炽金属表面发射出的带负电荷的粒子，其质荷比与阴极射线粒子也相同。

　　还有，汤姆孙的实验显示出阴极射线粒子的质量很小，也支持这些粒子是亚原子粒子（subatomic particles）的想法。在汤姆孙时代，人们早已知道在像盐水之类的溶液里，携带电流的离子（ions）有各种不同的质荷比，但没有比10^{-8}千克/库更小的质荷比（这一点将在下一章详细讨论）。与这些结果相比较，汤姆孙得到的阴极射线粒子的质荷比小得惊人。当然，这既可能意味着阴极射线粒子的质量比离子的质量小得多，但也可能是电荷很大。在一段时间里，汤姆孙认为
65　两个因素都有可能，不过假定离子正好是因普通原子或分子失去或得到几个单位电荷而形成似乎更加顺理成章。如果能够证明这些单位电荷与阴极射线粒子的电荷相同，那么离子的电荷与阴极射线粒子的电荷必然相差无几。由此可以得到结论，阴极射线粒子的质量必定比离子的质量（因此也比普通原子的质量）小一个因子：

$$\frac{10^{-11}\text{千克/库}}{10^{-8}\text{千克/库}}=10^{-3}$$

汤姆孙注意到，阴极射线粒子质量很小的想法，与菲利浦·勒纳（Phillip Lennard，1862—1947）的观察结果相当吻合。1894年，勒纳发现（如同戈德斯坦早些时候所做的那样），阴极射线粒子在气体中的运动速度比普通原子或分子的速度快几千倍。阴极射线粒子比原子轻得多，所以它们很可能是原子的成分。

汤姆孙还继承了源于留基伯、德谟克利特和道尔顿的原子论传统，有先见之明地用基本粒子语言来解释他的观测结果。在1897年的论文中，汤姆孙援引了英国化学家威廉·普劳特（William Prout，1785—1850）的推测。1815年，普劳特推测，当时公认的几十种不同类型的化学元素的原子都是由一种基本类型的原子 —— 氢原子构成。按照汤姆孙的观点，普劳特是正确的，只不过他认为这种基本"原子"不是氢原子，而是非常非常轻的阴极射线粒子。如果没有普劳特和其他人关于基本粒子的观点，汤姆孙能够得出他的结论吗？正如我们已经知道的，在汤姆孙测量质荷比的同时，考夫曼在柏林也在做类似的实验，就今天我们知道的结果来看，他得到的结果比汤姆孙的更精确。但是，考夫曼并没有宣称他发现了一种基本粒子，他像赫兹和其他德国和奥地利的物理学家一样，受到维也纳学派的物理学家和哲学家马赫（Ernst Mach，1838—1916）及其学派自然哲学的强烈影响。马赫认为谈论原子之类的不能直接观察到的假定实体是不科学的。与马赫、考夫曼不同，汤姆孙认为发现基本粒子是物理学的任务之一，因此，他发现今日我们称为电子的阴极射线粒子几乎是不可避免的了。

最初，汤姆孙并没有为他提出的基本粒子取一个专门名称。而在早些年，英裔爱尔兰物理和天文学家乔治·约翰斯通·斯托尼

（George Johnstone Stoney，1826 — 1911）曾建议，当原子变成带电的离子时，它所获得或丢失的电单位应当称为电子。[19] 在汤姆孙 66 1897年的实验之后约10年，他的基本粒子的实在性已经得到广泛的承认，各地的物理学家开始称它为电子。

第 3 章
原子的尺度

　　在汤姆孙测量了电子的质荷比以后，最亟待解决的问题是要分别测出电子的质量和电荷，它的意义远比了解电子的性质更重要。19世纪，原子许多性质的比值已经被物理学家和化学家测量到。正如我们在下一节将会看到的那样，道尔顿和他的后继者在化学反应方面的研究中，已经得到了不同元素原子的质量比，例如碳原子的质量是氢原子的12倍，氧原子的质量是氢原子的16倍，等等。此外，在这一章我们还会看到法拉第和其他科学家在电解方面的研究，并得出了原子质量与离子电荷的精确比值，并进而推出了原子质量与电子电荷的比值，比如氢原子的质量与电子电荷的比值是 1.035×10^{-8} 千克/库。还有，可以假定固体中的原子彼此紧紧地挨在一起，于是通过测量固体物质的密度就可以得到原子的密度，即它们的质量与体积的比值。例如，金的密度为 1.93×10^{4} 千克/米^3，那么，金原子的质量与它的体积之比应该是 2×10^{4} 千克/米^3 左右。余下的关键问题是精确测量电子的电荷，或者是电子的质量，或者是任何单个原子的质量或体积。然后，上述的一些比值就可以立即换算为电子的质量、电子的电荷和每种原子的质量和体积。简言之，就可以知道所有原子现象的尺度。

　　20世纪的最初几年里，已经有一些粗略估计原子质量的方法，这

68 些方法均以下述物理现象为基础：气体扩散，热辐射，天空的蓝色，油膜的伸展，放射性物质的闪烁（scintillation），花粉之类的微粒受分子碰撞而产生的"布朗"运动（Brownian motion），分子有限体积对气体性质的影响，等等。早在1874年，斯托尼（G. J. Stoney）根据气体性质做了一个粗略估计，他利用氢原子质量是10^{-28}千克以及由电解获得的质荷比是10^{-8}千克/库，推算出电子的电荷是10^{-28}千克除以10^{-8}千克/库，即大约是10^{-20}库仑。到1910年，测量的精度有了极大的改善（主要是由于让·佩兰对布朗运动的研究），从而得到氢原子的质量大约是1.5×10^{-27}千克，由此得到电子的电荷大约是1.5×10^{-19}库仑。（另一种利用放射性衰变的计数方法，在第4章再讨论。）

在这儿讨论相对原子质量的各种测量方法估计会使我们离题太远，我们必须指出，第一次对相对原子质量做出精确测量的基础是美国物理学家罗伯特·安德鲁斯·密立根（Robert Andrews Millikan，1868—1953，见图3-1）奠定的，他在1906—1914年对电子电荷做了直接的测量。密立根出生于衣阿华州（Iowa），并在那儿长大成人。他到奥伯林学院（Oberlin College）就读研究生时，开始对物理学有了兴趣。1893年，他到哥伦比亚大学攻读博士学位，他发现自己是这所大学唯一的物理学研究生。当时，像他这样的研究生到欧洲去学习一段时间是必不可少的过程。因此，1895年他离开美国，到巴黎、柏林和哥廷根学习。1896年，迈克尔孙为密立根在芝加哥大学安排了一个助教职位，那时芝加哥大学在洛克菲勒的大量慈善资助下，正处于蓬勃发展的时期。密立根获得的职位，允许他有一半时间从事研究，因此他愉快地接受了。然而在此后的10年里，他几乎把所有时间都投入到教学和编写教科书上，研究工作做得很少。1906年，38岁的他升为副教授，

图3-1 密立根正在用宇宙射线仪器做实验

差不多是在对自己的研究前景的绝望中，他开始测量电子的电荷。这一研究工作最终使他一举成名。

当这一研究获得成功后，密立根受到了人们广泛的重视，成为许多知名学术团体的成员。1916年他担任美国物理学会的主席，1923年获得诺贝尔奖。在第一次世界大战期间，他积极从事军事研究和发展工作；1921年，到加州理工学院任该校执行委员会主席。

密立根善于筹集资金和宣传崇高的事业，在他的领导下，加州理工学院日趋繁荣昌盛，成为美国科学研究的领先中心，而且此领军地位至今仍然保持不变。密立根还做了另一项杰出的实验研究：利用光电效应测量电子的能量，证实了爱因斯坦关于光以量子方式出现的图像，即每个光量子的能量正比于光的频率。密立根在加州理工学院后期的成就不是很大。他过多地关注科学与宗教的和谐，并部分地从宗教立场力图证实一个错误的观点：宇宙射线是物质起源时留下的电磁辐射。

多年来，密立根的电荷测量值与利用电解测得的质荷比，一起给出了原子质量的最佳值。密立根的方法建立在汤姆孙及其卡文迪许实验室合作者研究的基础上，这些研究对电子的电荷只提供了粗略的估计。在本章最后一节，我们将首先考虑这一早期的研究，然后再转向密立根的测量。

背景知识回顾：相对原子质量

在原子的存在被普遍接受以前很久，人们就知道不同元素原子的质量比，其测量可以追溯到19世纪初约翰·道尔顿（John Dalton，1766—1844，见图3-2）的研究。道尔顿是爱尔兰坎伯兰

（Cumberland）郡一个穷困织工的儿子，他在家乡贵格（Quaker）教友会开办的学校受过教育，后来做过学校教师和家庭教师，1793年迁到曼彻斯特。那时，曼彻斯特纺织厂是工业革命的中心。这座城市里挤满了市民，他们一般没有受过大学教育，但却热情地追随着科学的发展。1794年，道尔顿被选入曼彻斯特文学和哲学学会，并开始为学会写文章，涉及从色盲（color blindness，道尔顿本人患有色盲，所以今天有人称色盲为道尔顿病）到气体动力学的一些内容。

人们在道尔顿1802—1804年的实验室笔记中发现了他的关于相对原子质量研究的最早记录。道尔顿在观察中发现，一给定化合物的各种元素重量（严格地说是质量），总有相同的构成比例。例如，他发现当氢在氧中燃烧生成水的时候，每克氢总是要消耗5.5克的氧。（请注意，这是道尔顿得到的数据，正确的比例应该是1克氢对8克氧。即使以当时的标准来看，道尔顿的测量值也是十分不准确的。）这种比值全然不像普通的烹调术：在制作蛋糕的时候，在1千克面粉中，多加一点或少加一点奶油，都可以制成蛋糕，奶油的多少只会使蛋糕显得油多了一点或者干巴了一点，但仍然是蛋糕。事实上，人们对1克氢用的氧多于或少于8克，就得不到含氧多一点或含氧少一点的水；人们只能得到已生成的水和剩下的一点氧，或者剩下的一点氢。

道尔顿研究中最重要的事情，不在于他的不精确的测量，而在于他用原子的术语解释了他的测量。道尔顿的推理是，如果水由粒子（后来称为分子 —— molecule）组成，每个粒子含有一个氢原子和一 [71] 个氧原子，那么，如果假定氧原子质量是氢原子质量的5.5倍，就可以解释5.5克氧加1克氢生成水的比例。循此方法，道尔顿获得了许多相

图3-2 道尔顿的蚀刻像（19世纪20年代）

对原子质量，它们列在表3-1中。按照道尔顿的解释，原子量（*atomic weight*）是指1个原子相对于氢原子的重量或质量。当然，道尔顿并没有想到用普通单位（例如磅或千克）来表示原子的质量。

表3-1　　　　　　　1803年道尔顿求出的相对原子质量　　　　　　　72

元　素	原子质量	元　素	原子质量
氢	1（定义）	氧	5.5
氮	4.2	硫	14.4
碳	4.3		

　　实际上，道尔顿在表3-1里列的原子质量都是错的，产生错误的原因有测量中的误差，但最主要的原因是他不知道化合物分子中原子的正确比例。例如，道尔顿假定水由一个氧原子和一个氢原子组成，但正确的水分子式是H_2O，这是今天每个人都知道的；也就是说，每个水分子中有两个氢原子和一个氧原子（分子式中的下标表示分子中每种元素的原子数目；如果原子数是1，就省去不写）。道尔顿的测量值是，生成水的时候每克氢需要消耗5.5克氧，如以今日的分子式观之，这意味着一个氧原子的质量是两个氢原子质量的5.5倍，或者说，一个氧原子的质量是一个氢原子质量的11倍。这已经接近真正的氧原子质量，我们现在知道这个值近似等于16。表3-2给出了道尔顿在准备算出他的原子质量时所用到的各种化合物的分子式，并且配上了正确的分子式。表3-3给出了现代精确的相对原子质量，还附有道尔顿的　73-74 值以及如果道尔顿知道正确的分子式（列在表3-2中）他应该得到的相对原子质量。图3-3为道尔顿为各种元素编的符号。

表3-2 道尔顿当年和今天使用的化合物分子式

化合物	道尔顿的分子式	今日的分子式
水	HO	H_2O
二氧化碳（碳酸）	CO_2	CO_2
氨	NH	NH_3
硫酸	SO_2	H_2SO_4

注：表中C代表碳，H为氢，N为氮，O为氧，S为硫。

表3-3 5种元素今天的相对原子质量、道尔顿（1803年）的原子质量，以及如果他使用正确的分子式会得到的相对原子质量

元素	今天的相对原子质量	道尔顿（1803年）的相对原子质量	如果使用正确的分子式，道尔顿可得到的相对原子质量
氢	1.0080	1.0	1.0
碳	12.0111	4.3	8.6
氮	14.0067	4.2	12.6
氧	15.9994	5.5	11
硫	32.0600	14.4	57.6

注：表中给出的今天的相对原子质量是以碳原子量（更准确地说，是碳的最常见的同位素^{12}C的原子量）的1/12，但这个值十分接近氢原子的质量。如果这些相对原子质量都相对于氢而言，则都要减小0.8%。

　　化学化合物的正确分子式，是在原子理论进一步发展之后才推算出来的。1808年12月31日，巴黎大学神学院的教授约瑟夫·路易·盖吕萨克（Joseph Louis Gay-Lussac，1778—1850）向哲学数学学会宣读了一篇专题论文，论文中指出，虽然所有元素都以确定的重量比化合，但气体则以确定的体积比相化合。例如，2份体积的氢加上1份体

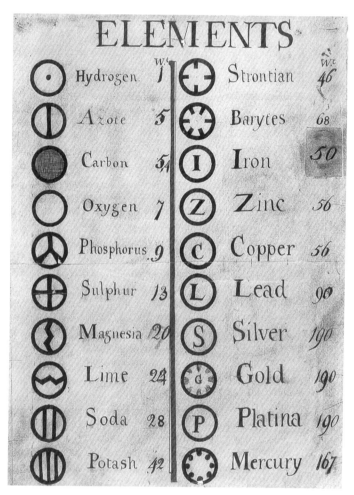

图3-3 道尔顿为各种元素编的符号。今天已经知道，图中有一些是化合物而不是元素

积的氧得到2份体积的水蒸气；1份体积的氮加上3份体积的氢得到2份体积的氨气；等等。（这里的"体积"应理解为任何体积单位——升、半升、立方千米，或者你想用的任何体积单位。）

1811年，都灵大学（University of Turin）物理教授、有夸雷纳伯爵（Conte di Quaregna）称号的阿玛德奥·阿伏伽德罗（Amedeo Avogadro，1776—1856）对体积组合定律提出了解释：假定在给定温度和压强下，任何相等体积的气体总含有相等数目的气体粒子。阿伏伽德罗称气体的这种粒子为分子。例如，2升氢气总是与1升同温同压下的氧气生成水，这一事实说明，水分子中含的氢原子数是氧原子数的两倍，这使我们得知水的分子式是 H_2O。这儿有一个明显的困难：如果每个水分子包含1个氧原子和2个氢原子，那么为什么1升氧气和2升氢气得到的是2升水汽，而不是1升水汽呢？阿伏伽德罗认为，在普通条件下氧分子和氢分子都包含2个原子 [阿伏伽德罗称之为"分子素"（molecule elementarie）]，而不只是一个原子。每升氢气和氧气中的原子数加倍，因而水分子数也加倍，给定体积的氢气和氧气产生的水汽体积从而也加倍。由此，生成水和氨的化学反应式可以写成 $2H_2+O_2 \rightarrow 2H_2O$ 和 $N_2+3H_2 \rightarrow 2NH_3$。每个分子式前面的数字，表明有多少该化合物的分子参加了化学反应。因此，按照阿伏伽德罗的假设，这些数字给出了在反应过程中所需气体的相对体积。

阿伏伽德罗假说是一个非常了不起的猜想，今天我们可以用气体分子运动论来理解它：一种气体对容器壁施加的压强与气体分子的性质无关，它可以用温度、每升气体的分子数和玻尔兹曼常数（Boltzmann's constant，一个普适常数）的乘积很好地近似给出（参见本书附录F）。因此，在给定温度和压强下，每升气体的分子数目总是相同的。在阿伏伽德罗时代，他的假说只能通过纯经验的方式证明；也就是说，如果采用了阿伏伽德罗假说，我们必须能得到各种不同气体化合物的化学分子式，如上面得到的水是 H_2O 一样。然后，根据参与反应的各元素和化合物的重量比，人们就能够确定相对原子质量（比如说，相对于氢原子），就像道尔顿做过的那样。如果给定元素的原子质量在所有反应中都相同，那么阿伏伽德罗的假说就经受了检验；如果这种假说是错的，就会得出错误的分子式，因而在不同化学反应中的相对原子质量就不一样。

关于术语还要说明一下：一个化合物的分子量（*molecular weight*）等于组成化合物分子中诸原子的相对原子质量之和。例如，水的分子量是 $2+16=18$。对于像氦这样的元素，其分子由一个原子组成，因此分子量就是原子质量。还有一些分子，如DNA，分子量达到数百万。化学家常常用摩尔（mol）作质量单位，它的定义是：1摩尔等于分子量的克数，例如1摩尔氢气是2克，1摩尔水是18克，等等。摩尔是一个很有用的单位，因为1摩尔的任何物质总含有相同的分子。分子越重，每摩尔的克数也越大。每摩尔的分子数目就是阿伏伽德罗常数（Avogadro's number）。但当年阿伏伽德罗本人算不出这个常数，正确的计算有待于后来的进展。下面将讨论这些进展。

当年阿伏伽德罗在他的假说基础上，利用推出来的分子式相当 [76] 精确地确定了一些原子质量。后来，这些工作由其他人继续进行下去，其中特别值得提出的是斯德哥尔摩大学的化学教授琼·雅可布·伯济利乌斯（Jöns Jakob Berzelius, 1779—1848），他在1814年、1818年和1826年发表了几张相对原子质量表，提供了许多元素很好的原子质量值。19世纪末，虽然不是所有物理学家和化学家都相信原子的存在，但他们已经习惯于用相对原子质量表作为他们日常研究的工具。

但是，即使对那些相信原子实在性的19世纪物理学家来说，在相对原子质量的问题上仍然有很大的不确定性。比如说一个确定的元素具有确定的相对原子质量时，是指所有该元素原子都有这一质量（比如相对于氢），还是指这些原子的平均质量呢？ 1886年，气体放电最早的研究者之一的克鲁克斯爵士推测，由化学家测量的相对原子质量其实是同种元素中不同相对原子质量的平均值。现在我们知道这一推测是正确的，几乎所有元素都有不同的形式，称为同位素（isotopes）。同种元素各个同位素的原子，在化学上几乎是无法区分的，但它们的相对原子质量并不相同。

同位素的发现，使我们顺利地进入了20世纪物理学。尽管本节只是一个"背景知识回顾"，然而如果不涉及同位素如何被今天所理解，任何关于相对原子质量的讨论将是不完整的。

1897年发现化学元素的放射性后不久，人们就发现每一种化学元素有不同的形式，它们的化学性质相同，但放射性却很不相同。例如，铅通常没有放射性，但是与含铀矿物共生的铅，却显示出放射性，甚至当人们用化学方法将所有其他元素分离出去，铅的这种放射性仍然继续存在。人们很快就弄清楚了一种元素有不同放射性行为的变种，变种是由不同相对原子质量的原子组成的。1910年，费雷德里克·索迪（Frederick Soddy）称这些同一元素的变种为同位素（isotope），因为它们都在化学元素表中占同一位置（iso意指相同，tope指位置，合起来是isotope）。然而，放射性仍然有些神秘兮兮的，同位素的存在似乎有可能是富含放射性的元素的一种特殊现象。

后来汤姆孙发现，没有放射性的普通轻元素也有同位素。他使用的技巧并不出人意外，仍是以阴极射线管中射线的电磁偏转为基础，但这种射线不是电子组成的阴极射线，而是由带正电的重粒子组成的射线。1886年，曾为阴极射线命名的戈德斯坦注意到，如果在阴极射线管里的阴极上打一个小孔，就有一束射线飞离阳极穿过小孔，并[77]在管里的稀薄空气中产生一道可见光线。他把这束射线命名为极隧射线（canal ray，或阳极射线）。1897年，威廉·维恩（Wilhelm Wien，1864—1928）用电场和磁场成功地偏转了阳极射线，由偏转的方向和程度他得知：阳极射线由带正电粒子组成，其质荷比为阴极射线粒子的几千倍，与电解中测到的带电原子的质荷比差不多（在下节讨论）。于是他的结论是：这些阳极射线粒子是管子里气体的原子或分子，当阴极射线从阴极飞向阳极时，它们与气体原子或分子发生碰撞，气体的分子或原子在碰撞时失去电子而带上正电，随后它们受阴极的吸引和阳极的排斥而飞向阴极，大多数打到阴极板上，少数穿过阴极板上的小孔飞到阴极后面去了，成为阳极射线。

研究阳极射线比较困难，因为它们穿过阴极板上的小孔后会撞上气体分子，从而获得或失去额外的电子。维恩测量的质荷比，实际上是阳极射线粒子电荷突然改变时质荷比的平均值。汤姆孙后来克服了这个困难，他把阴极板后面管中的气体抽得很稀薄，保持很低的气压，这样阳极射线粒子与气体分子间的碰撞概率很小。因此，他就可以相当精确地测定不同带正电原子和分子的质荷比。

1913年，汤姆孙在观察氖气形成的阳极射线时，发现有两种不同的质荷比，一个是带单个电荷氢原子的20倍，另一个为单电荷氢原子的22倍,两种情况下电荷相同。因此汤姆孙的结论是:氖有两种同位素,一种的相对原子质量是20,另一种为22。在此以前已经测出氖的相对原子质量是20.2,这其实是氖的平均相对原子质量。所以,这意味着普通大气中的氖,是氖的两种同位素的混合物;在所有氖原子中,较重的同位素 ^{22}Ne占10%,而 ^{20}Ne占90%(请注意: ^{20}Ne的90%加上 ^{22}Ne的10%,正好等于以前测量到的氖相对原子质量20.2)。氖的两种同位素都没有放射性,这表明同位素的有无与放射性的有无没有关系。

第一次世界大战以后,卡文迪许实验室的另一位物理学家弗朗西斯·威廉·阿斯顿(Francis William Aston, 1877 — 1945)继续汤姆孙的研究。战前阿斯顿就是汤姆孙的助手,他把当时人们熟悉的电场和磁场偏转射线的方法,经过大的改进后设计出一种名为质谱仪(mass spectrograph)的新型仪器(图3-4)。有了这种新仪器,阿斯顿不仅能够肯定汤姆孙关于氖同位素的结论,还发现了许多新的同位素,其中包括氯的两种同位素 ^{35}Cl和 ^{37}Cl,硅的三种同位素 ^{28}Si、 ^{29}Si和 ^{30}Si,硫的三种同位素 ^{32}S、 ^{33}S和 ^{34}S以及氖的第三种同位素 ^{21}Ne。实际上,大多数轻元素总有几个非放射性的同位素。

阿斯顿对同位素相对原子质量的精确测量,揭示了一个惊人的普遍特征。1919年,阿斯顿称这个特征为整数定则(whole number rule):如果相对原子质量用相对于 ^{16}O的质量的1/16来表示(或者像我们今天用 ^{12}C的1/12来表示),那么,所有纯净同位素的相对原子质量都非常接近于整数。实际上这个经验规则,早在道尔顿做研究后不久就已经被注意到了。到1815年,威廉·普劳特(William Prout, 1785 — 1850)已经得到了下述实质性结论:所有化学元素是由整数

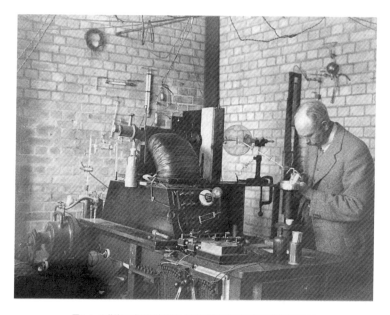

图3-4　阿斯顿正在用他的第三个质谱仪在卡文迪许实验室进行研究

的某种基本粒子（普劳特猜测是氢原子）构成。不过，这种猜测面临着一个大的困难，因为某些元素的相对原子质量并不接近常数，因而很长一段时间普劳特的想法无法取得进展。最突出的例子是氯，其相对原子质量是35.45。一直到了20世纪才由阿斯顿证明：氯的这个相对原子质量非常接近^{35}Cl和^{37}Cl两种氯同位素的相对原子质量35 和37的平均值，^{35}Cl和^{37}Cl的丰度（abundances）分别是77.5%和22.5%。表3-4列出了一些普通元素的同位素相对原子质量的最新值。很明显，普劳特的猜想和阿斯顿的整数定则都十分正确，特别是对于中等相对原子质量的原子。

表3-4   某些有代表性元素的一些同位素的相对原子质量

元素	同位素	相对原子质量
氢	^{1}H	1.007825
	^{2}H	2.01410
氦	^{4}He	4.0026
碳	^{12}C	12（定义）
	^{13}C	13.00335
氧	^{16}O	15.99491
	^{17}O	16.9991
氖	^{20}Ne	19.99244
	^{21}Ne	20.99395
	^{22}Ne	21.99138
氯	^{35}Cl	34.96885
	^{37}Cl	36.9659
铀	^{235}U	235.0439
	^{238}U	238.0508

今天我们已经知道，原子核是由电中性粒子中子和带正电的质子组成。核中的质子数目确定了绕核旋转的电子数目，电子数和质子数相等使得它们的电荷相抵消成为中性原子。因而一种元素的化学性质在本质上决定了原子核里质子的数目。所有氢原子核里只有一个质子，氦原子核里有两个质子，一直到𬭚（meitnerium）原子核里有109个质子。同种元素的同位素里，都含有相同的质子数和电子数，但是它们含的中子数目彼此不同，因而相对原子质量就不相同。中子和质子的质量非常接近，约为^{1}H原子的质量，而电子的质量则小很多很多。因此，一个同位素的相对原子质量就非常接近于原子核中所含的质子和

中子数目的总和，这当然是一个整数了。在核物理学没有发展到一定阶段时，这些奥秘就不会为人所知。在第4章我们将看到在核物理学发展后，我们能够理解阿斯顿整数定则的微小偏离的内涵——这种偏离与定则本身同样重要。

补充一点：由于同一元素的不同同位素在化学上几乎是无法区分的，因此不能用普通化学方法将它们分离开来。在第一次世界大战前不久，阿斯顿发现了轻一些的原子在通过像陶管黏土那样多孔的渗透材料时比较快的现象，由此发明了一种分离同位素的方法。利用这种方法，他让氖气样品多次通过这种材料，结果氖气样品中同位素 ^{20}Ne 的含量有轻微的增加。然而，直到1932年，哈罗德·尤里（Harold Urey, 1893—1981）和其他人才第一次将一种元素的同位素与其他同位素接近完全分离，当时他们成功地制备出几乎是纯净的重水（heavy water）——^{2}H 的氧化物。

在第二次世界大战期间，美国急于把铀的同位素 ^{235}U 从普通的同位素 ^{238}U 中分离出来，以制造核武器（nuclear weapon）。曼哈顿工程（Manhattan Project）采用的方法，正好是卡文迪许实验室使用的方法，即维恩、汤姆孙和阿斯顿的电磁偏转法以及阿斯顿的气体扩散法（gaseous-diffusion method）。美国在田纳西州的橡树岭（Oak Ridge）采用气体分离法，从天然铀中得到富含 ^{235}U 的样品，然后用加利福尼亚大学劳伦斯（Lawrence）设计的大型磁偏转设备浓缩 ^{235}U。[1] [长崎爆炸的原子弹采用另一种不同的元素钚（Pu），在华盛顿的汉福德

---

1. 加利福尼亚大学的回旋加速器称为 Calutron, 即 Coliforrnia University cyclotron 的缩写 —— 译注。

（Hanford）核反应堆中由铀制成。] 现在有了更简单的分离方法，所以许多国家能够非常容易地得到^{235}U和钚，这使得我们所生活的世界面临可怕的威胁。

背景知识回顾：电解

对我们要讨论的内容来说，原子的另一个定量测量也十分重要，即测量原子质量对离子电荷的比值。早在 19 世纪初，即发现电子和原子核之前很久，它就已经被测量出来了。严格地说，这个发现不仅涉及原子，而且涉及离子，即在大多数导电液体中携带电流的带电分子。这个测量并不是用像汤姆孙那样的电场和磁场偏转电流的方法，而是简单地通过称为电解（electrolysis）的电化学过程所产生的物质来确定的。

1800 年 4 月，威廉·尼科尔森（William Nicholson, 1753 — 1815）和安东尼·卡莱尔（Anthony Carlisle, 1768 — 1840）多少有点偶然地发现了电解。他们在研究电池的工作情况时，在导线和电池的接头处滴了一滴水，想以此改进电接触。他们注意到浸在水中的导线处产生了气泡。他们把连接电池两极的电线浸入水中，以便更仔细地研究这个现象时，却意外地发现与负极相接的导线处产生了氢气，而与正极相接的导线处产生了氧气。不久他们又发现，用这种方法还能够对其他物质进行化学分解。用这种方法做了最广泛实验研究的是汉弗莱·戴维爵士（Sir Humphrey Davy, 1778 — 1829），他是伦福德建立皇家研究院后不久即就任的化学教授。戴维发现，让电流通过各类盐的热熔液或水溶液，这些盐都可以分解；并且在这一分解过程中，分别在连接电池负极和正极的两导体（称为电极）上出现了一层金属膜和气泡。例如，在熔融的食盐电解过程中，金属钠出现在负极上，而正极则会出现氯气泡。正是通过电解的实验，戴维发现了钠和钾两种元素。钠和钾尽管存在于很多普通化合物中，但由于它们的化学性质非常活泼，以致它们从没有以自由元素的形式出现过。

人们为了详细理解这些现象花了很长的一段时间，其部分原因是19世纪早期化学家对原子或分子知道得太少，对电子则完全不知道；另外的原因是电解过程非常复杂。到19世纪30年代初，迈克尔·法拉第终于对电解提出了基本上正确的理论。法拉第原来是一个熟练的书籍装订工，他通过阅读他自己装订的书籍而自学成才。在戴维招收实验室雇员时，法拉第在面试中给戴维留下了深刻的印象，于是，在1812年法拉第被招为化学实验室的助手。1831年，法拉第继戴维之后就任了皇家研究院实验室主任，并开始了电学研究（图3-5为法拉第的电解仪器）。在本书第2章我们曾经看到，法拉第提出的电力线概念很有用处。此外，法拉第还发现了感应现象（phenomenon of induction），指出磁场的变化感应生出电场。

这里简要地谈一下现代对电解的了解情况。其实，在本质上如同法拉第的认识那样：在液体（如水）中，一定量的电中性分子有一小部分通常会分解成带正电和负电的亚分子（submolecule），法拉第称这些亚分子为离子。[1] 例如，在一般条件下，纯水中约有 1.8×10^{-9} 个水

---

1. 法拉第确实引入了离子和电极这样的术语，并称带正电荷的离子为阳离子，称带负电荷的离子为阴离子；称吸引正电荷的电极为阴极，吸引负电荷的电极为阳极。但他并没有发明这些术语。这些术语是应法拉第之请，由剑桥大学三一学院院长威廉·惠韦尔（William Whewell）博士用希腊词根构成的，然后由法拉第在著作中应用。

图3-5　法拉第的电解仪器

分子（因复杂的原因）离解成正的氢离子H^+和负的氢氧根离子OH^-。自从发现电子以后我们已经知道，像H^+那样的正离子是失去一个或几个电子（对H^+而言，是失去一个电子）的分子，而像OH^-这样的带负电离子，是得到一个或多个电子的分子。然而，这些知识在法拉第的理论中还不怎么需要。

82-83

将连接电池正、负极的导体（法拉第称为"电极"）浸到液体中，靠近负极的正离子立即被吸引到负极上，在接触到负极后立即获得一个来自电池的负电荷（即电子携带的电荷），并物质化为中性分子。例如在水的电解过程中，这种物质化的反应是$2H^+ + 2e^- \rightarrow H_2$。这其中有两个电子和两个氢离子一起参加反应，正如阿伏伽德罗发现的那样，正常的氢分子是由两个氢原子组成的。同样，在正极则有负离子把它们的负电荷（电子）给予电池，也物质化为普通分子。在水的电解过程中，这一反应是$4OH^- \rightarrow 2H_2O + O_2 + 4e^-$。像氢气一样，氧也在电极上以气泡形式出现。这些反应必然使负极附近缺乏正离子，而正极附近缺乏负离子，所以新的正负离子又被吸引到电极上，如此循环，使电解过程继续下去。在正极给予电池的负电荷和在负极由电池供给的负电荷，都通过导线和电池像普通电流那样流动，这种流动的强度很容易测量（例如，像用普通的安培计一样，通过它所产生的磁场力来测量）。

其他物质的电解也可以用同样的方法来解释。例如电解氯化银时，分子AgCl离解为Ag^+和Cl^-（Ag是银，Cl是氯），在负极和正极的反应分别是$Ag^+ + e^- \rightarrow Ag$和$2Cl^- \rightarrow Cl_2 + 2e^-$。氯分子含有两个原子，以气体形式出现，而银原子则在负极上形成单原子电镀层。

　　在所有这些反应中，当一给定量的电荷通过导线和电池流动时，产生的每一种分子的数目都是确定的。为了方便起见，我们假定在氯化银电解过程中产生一个银原子所需要的电荷为单位电荷，那么每产生一个氯分子需要2个单位电荷；而在水的电解中，每产生一个氢分子和一个氧分子（不是原子），分别需要2个单位电荷和4个单位电荷。现在我们知道，这里在电解中用的单位电荷是一个电子的电荷；对法拉第而言，这正好是一个不能再细分的电荷，在电解中离子和电极之间传递的电荷是这个量的整数倍。正是在这个意义上，斯通尼（Stoney）在1874年引入了电子这个术语，作为电解中电荷的基本单位。

　　在电解过程中，产生各种物质的相对数量的测量结果，使法拉第得到了上述电解的陈述。例如，在水的电解过程中，任何电流产生的氧的质量总是氢质量的8倍。根据法拉第理论所期望的，产生1个氧分子需要4个单位电荷，而产生1个氢分子只需要2个单位电荷。因此，在给定的电流情形下，产生氧分子的速率是产生氢分子速率的一半。然而正如我们上一节讲过的，每个氧分子的质量是氢分子质量的16倍，所以产生每1克氢的同时，要产生 $\frac{1}{2} \times 16 = 8$（克）氧。

　　和道尔顿不知道在普通单位（例如克）下他的相对原子质量单位的大小一样，法拉第当时也无法知道他的电解单位电荷用普通单位（如库仑）表示时应该是多大。然而这些单位的比值，现在可以很容易地确定下来。在电解像氯化银之类的盐时，称量一下积淀在负极上银的质量就会发现：1安培的电流在1秒钟内会产生大约 10^{-6} 千克的银；而且，产生的银的质量与电流强度或电流持续的时间成正比。每单位电荷产生一个银原子，所以，在 10^{-6} 千克的银中，银原子的数目必定等于1秒钟时间里1安培电流所传送的单位电荷数目，而1安培电流1秒钟传送的电荷按定义为1库仑。所以，接下来的结论必然是：银原子质量与单位电荷之比大约是每库仑 10^{-6} 千克。银的相对原子质量约为氢相对原子质量的108倍，所以氢原子的质量与单位电荷的比是银的1/108，即大约为每库仑 10^{-8} 千克。

通常我们会用稍有不同的术语来表达。我们知道，1摩尔的任何物质总包含相同数目的分子（见第75页），产生1摩尔任何物质所需的电量，正好等于每个分子所需要的单位电荷数（银是1，氢和氯是2，氧是4）乘以一个普适常数 —— 法拉第常数。这个常数是每个电解单位电荷乘以阿伏伽德罗常数，而后者就是每摩尔的分子数。19世纪末，法拉第常数在某种精度下是96580库/摩。氢相对原子质量是1.008，所以1摩尔氢原子是1.008克，或 1.008×10^{-3} 千克。这样，我们就可以知道氢原子质量与单位电荷的比值是：

$$1.008 \times 10^{-3}/96580 = 1.044 \times 10^{-8} 千克/库$$

在汤姆孙发现电子以后，人们自然地认定，电解的单位电荷就是电子的电荷。在这一基础上，氢原子的质荷比就是 1.044×10^{-8} 千克/库。从电解获得的这些知识，再加上汤姆孙对电子质荷比的测量值大约是 10^{-11} 千克/库，于是汤姆孙可以得出结论：原子比原子所含的电子要重几千倍。

85 **电子电荷的测量**

　　电子的电荷首先是由汤姆孙和他的同事汤森（J. S. E. Townsend, 1868—1957）、威尔逊（H. A. Wilson, 1874—1964）在卡文迪许实验室进行的一系列实验中测量的。他们使用的方法的基础，是由汤姆孙的学生查尔斯·汤姆森·里斯·威尔逊（Charles Thomson Rees Wilson, 1869—1959，见图3-6）在到卡文迪许实验室后不久发现的。他根 86 据的事实是：在湿润的空气中，离子可以引起水滴的形成和增长，这通常是由灰尘颗粒引起的。威尔逊的研究使他发明了云室（cloud chamber，见图3-7）。在云室中，当潮湿的空气突然膨胀时，运动的荷电粒子产生可见的水滴径迹。云室曾有效地使人们确信亚原子粒子的真实性。对云雾素有兴趣的威尔逊发明了云室以后，物理学家们又利用许多类似的设施使基本粒子的径迹可以被观察到，如20世纪40~50年代的乳胶摄影，50—70年代的气泡室（bubble chamber）以及今日的丝状电极火花室（wire chamber）和火花室（spark chamber）。不过，我们现在关心的是这样的事实：水滴可以围绕单个离子形成。于是，测量这些水滴的荷质比，然后单独测量水滴的大小，就可以得到一个离子的电荷值，并由此推出电子的电荷值。

　　汤森使用的方法是利用自然存在于电解产生的气体中的离子。在这些离子周围形成的水滴还太小，不能直接测量其尺寸，所以汤森就利用水滴下落测量其下落速度的办法。这个方法后来在大多数电子电荷值的进一步测量中，被反复地使用。在重力的影响下，水滴作加速 87 运动，一直加速到空气的黏滞阻力正好抵消重力时为止，此后，水滴就开始匀速下降。按照牛顿第二运动定律，作用于水滴上的重力等于

图3-6 查尔斯·汤姆森·里斯·威尔逊（20世纪20年代）

水滴的质量乘上9.8米/秒²。如果水滴不受其他力作用，它将以这一加速度下落。

作用于水滴上的重力＝水滴的质量×9.8米/秒²

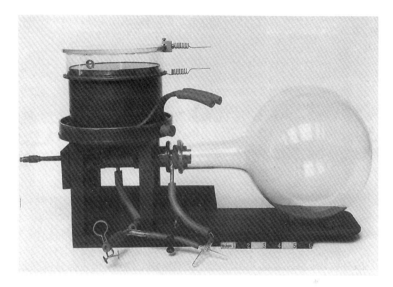

图3-7 威尔逊的云室，它可以使得电离了的粒子形成可见的径迹

另一方面，空气的黏滞阻力取决于水滴的半径和其运动速度。由1851年乔治·斯托克斯（George Stokes, 1819 — 1903）的研究得知，这种黏滞力由下式给出：

作用于水滴上的阻力=$6\pi\eta$×水滴半径×水滴速度

式中η是一个给出空气黏滞性的数值。由测量（例如测量已知大小的较大物体的下降率）可知，η值大约是1.82×10^{-5}牛/米^2。在水滴下落的情形下，阻力沿水滴运动的相反方向起作用，所以，当速度达到某一个值的时候，阻力和重力正好抵消，此后水滴即以这个速度匀速下落。在匀速下落时，上面两个算式的右边必然相等：

水滴的质量×9.8米/秒^2=6πη×水滴半径×稳定下落速度

通过测量水滴稳定下落的速度，汤森就得到水滴的质量与其半径间的关系式。还有一个关系式是水滴的质量必然等于它的体积乘以水的密度（已知为10^3千克/米^3）。利用球体积公式可得：

水滴的质量=$\frac{4\pi}{3}$×（水滴半径）^{3}×水的密度

于是我们有了与两个未知量（水滴的质量和半径）相关的两个关系式，这很容易求解（见本书附录G中的求解）。用这种方法，汤森计算出下落的水汽云雾中水滴的平均质量。

然后，汤森让水滴云雾通过吸水的硫酸。在这一过程中，硫酸获取了电荷以及吸收了水而引起质量增加，汤森对此进行了测量。这两个数值的比即给出了水滴的荷质比，再乘以先前已测定的每一水滴的质量，就给出了每一水滴上的电荷。1897年汤森测出的结果是：正离子的电荷为0.9×10^{-19}库仑，负离子的电荷为1.0×10^{-19}库仑，这其中10％的差异很容易用实验上的不确定性解释。[88]

在汤姆孙测量电子电荷的方法中，离子是用X射线照射空气产生的，没有用硫酸吸收水滴的方法来测量水滴的质量和电荷，而是测量产生水滴的膨胀期间空气的电导率（electrical conductivity）和温度的改变，非常间接地测出水滴的总质量和电荷。单个水滴大小的测量则和汤森的实验一样，通过云雾下降速率来测定。1898年汤姆孙测量的结果是：离子的电荷大约是2×10^{-19}库仑。1901年，随着技术的改进，

他引用的值是 1.1×10^{-19} 库仑。

H. A. 威尔逊用的方法与汤姆孙的方法类似,用X射线产生离子,但生成的水滴云雾受到强垂直电场的作用。撤去电场时,他由水滴云雾下落的速度测出水滴的大小和质量,这与汤森和汤姆孙的方法一样。加上电场以后,水滴受到3个力的作用:重力(取决于先前测定的水滴质量),空气的黏滞阻力(取决于测定的水滴半径和观测速度),还有作用在水滴上的电场力(水滴电荷与电场强度的乘积)。当这3个力平衡时,水滴下落速度达到一个稳定值;而后从这个匀速下落中可以求解唯一的一个未知量——水滴携带的电荷(本书附录G中对此也做了计算)。1903年,威尔逊报道的电荷值是 1.03×10^{-19} 库仑。

上述的几个结果彼此相当一致,但人们并不认为它们已经很精确了(正如下面我们将会知道的,电子真实的电荷值要大60%)。但是,电的原子性(atomicity of electricity)证据,已经足以使许多像马赫那样一直怀疑原子真实性的人从此信服。科恩(I. B. Cohen)和霍尔顿(G. Holton)两人都曾引用过原子论主要反对者奥斯特瓦尔德(Wilhelm Ostwald, 1853—1932)认错的话。在1908年版的《普通化学概论》(Outlines of General Chemistry)一书中,奥斯特瓦尔德写道:"现在我相信,最近有了有关物质分立或粒子特征性的实验证据,过去成百上千年里,原子论者曾徒劳无功地寻找这些证据。"奥斯特瓦尔德引用的证据,是佩兰关于布朗运动(Brownian motion)的实验以及汤姆孙关于电子电荷的测定。

现在让我们回到密立根的测量上来。1906年前后,密立根开始努力地精确测量电子的电荷，决心要比卡文迪许实验室的结果更精确。[89]
开始他只是重复H. A. 威尔逊的方法，但不久他就做了一个根本性的
改进。[1] 他不再使用从湿空气中凝结的水滴，而使用矿物油（"最高级
的钟表油"）滴，并用喷雾器喷入他的仪器中。油滴可以减少液滴表面
的蒸发，从而可以在实验进行期间保持它们的质量不变。更重要的是，
密立根当时就发现，他能观察单个的液滴而不是云。当垂直的电场接
通和撤去时，他可以追踪单个油滴上下漂移多次的运动。跟踪油滴每
次相继的升降运动，就可以根据上升和下降的速率计算出电荷，正像
威尔逊所做的一样（细节可见本书附录G。图3-8为密立根油滴实验
中使用的仪器）。

我们详细分析一个例子：1911年密立根论文中的6号油滴。[1] 去 90
掉电场时，6号油滴每11.88秒下降0.01021米，因此它的下降速度是
0.01021米/11.88秒，即 8.59×10^{-4} 米/秒。密立根采用的空气黏滞系
数是 1.825×10^{-5} 牛·秒/米^2，油的密度是 0.9199×10^3 千克/米^3。根
据这些数据计算，密立根得到这个油滴的半径为 2.76×10^{-6} 米，由
此得到其质量为 $\frac{4\pi}{3} \times (2.76 \times 10^{-6}$ 米$)^3 \times (0.9199 \times 10^3$ 千克/米$^3)$，
即 8.10×10^{-14} 千克。要验算密立根的6号油滴的半径的计算，首先应
注意到，重力等于质量乘以重力加速度9.8米/秒^2，即：

---

1. 在本书写完以后，出现了一篇非常值得关注的回忆录，对密立根在这些实验中的主导作用提出
了疑问。哈维·弗莱彻（Harvey Fletcher,1884 — 1981）当时是芝加哥大学的研究生，在密立根的
建议下，他的博士论文就是研究电子电荷的测量，并和密立根一起成为这一研究课题早期某些论
文的合作者。后来，弗莱彻把一份手稿托付给一位朋友，并嘱咐在他死后发表。1982年6月的《今
日物理》（Physics Today）发表了这份手稿（该期第43页）。弗莱彻在这篇手稿中申明，他是第一
个用油滴做实验的人，是第一个测量单个油滴上电荷的人，而且可能是第一个建议使用油滴做这
一实验的人。弗莱彻说，他曾希望在发表电子电荷测量结果的第一篇重要论文时，由他和密立根
共同署名，但是密立根对他说，他应该放弃这一希望。

图3-8 密立根油滴实验中使用的仪器

$$8.10 \times 10^{-14} 千克 \times 9.8 米/秒^2 = 7.9 \times 10^{-13} 牛$$

由斯托克斯公式给出的黏滞阻力是

$$6\pi \times (1.825 \times 10^{-5} 牛 \cdot 秒/米^2) \times (2.76 \times 10^{-6} 米) \times$$
$$(8.59 \times 10^{-4} 米/秒) = 8.1 \times 10^{-13} 牛$$

两个结果间的微小差别，主要是因为密立根实际上使用的是斯托克斯公式的修正式，而这种修正又是必须的（在本书附录G中有讨论），因为流过非常小的油滴周围的空气，并不严格地像是平衡的流体。

在加上 3.18×10^5 伏/米 的电场后，这颗油滴在第一次上升时，在 80.708 秒内升高了 0.01021 米，其速度即为 1.26×10^{-4} 米/秒。因为仍然是同一油滴，其黏滞阻力比下降时正好小一个因子，即两个速度之比：

$$黏滞阻力 = \left(\frac{1.26 \times 10^{-4}米/秒}{8.59 \times 10^{-4}米/秒}\right) \times \left(8.1 \times 10^{-13}牛\right) = 1.2 \times 10^{-13}牛$$

但是因为油滴正处于上升状态，这个阻力与重力的方向相同，指向下方。重力和阻力之和为（7.9＋1.2）×10^{-13}牛，即9.1×10^{-13}牛。这个合力必须正好被向上的电场力所平衡，而电场力等于未知电荷乘以3.18×10^{5}伏/米的电场强度。因此油滴上的电荷可以由下式计算出来：

$$\frac{9.1 \times 10^{-13}\ 牛}{3.18 \times 10^{5}伏/米} = 29 \times 10^{-19}\ 库$$

利用未经四舍五入的原始数据，再考虑到各种修正，密立根得到 [91] 上升油滴的电荷更精确的值是29.87×10^{-19}库。[1]

下面列出的是在电场作用下，这颗油滴在相继上升中密立根求出的电荷值（单位是10^{-19}库）：29.87，39.86，28.25，29.91，34.91，36.59，28.28，34.95，39.97，26.65，41.74，30.00，33.55。这些电荷值比电子的电荷值大许多倍，也很难看出它们是同一基本电荷的整数倍。但是，从油滴的一次上升到下一次上升，其电荷值的变化非常小。取每一个电荷与前一次上升的电荷之差，我们就得到下面

---

1. 这里我冒昧地按我认为是比较清楚的方法叙述了密立根的结果。首先，密立根是用静电单位来表示电荷的，而我将它们换成了库仑，因为本书其他地方用的都是库仑。其次，每次油滴在电场中向上运动时，密立根并没有计算所测得的油滴电荷，他仅仅给出了电荷计算中出现的一些量的数值以及从一次上升到下一次上升发生改变的量值，它略去特定油滴保持常数的那些共同因子。我则将这些因子乘进去，从而得到电荷的实际值。如果是密立根计算的话，他也会由他的数据得到这一实际值。密立根对空气浮力做了一些小的修正，而我却把它们略去了。

电荷的变化（单位仍然是 10^{-19} 库）：9.91，-11.61，1.66，5.00，1.68，-8.31，6.67，5.02，-13.32，15.09，-11.74，3.35。由这些数据可以看出，这些电荷值的改变是一个最小量的整数倍，这个最小电荷大约是 1.665×10^{-19} 库。以这个最小电荷值为单位，油滴从前一次上升到下一次上升，油滴电荷的改变依次是 5.95，-6.97，1.00，3.00，1.01，-4.99，4.01，3.02，8.00，9.06，-7.05 和 2.01。这可以做如下解释：电子的电荷约为 1.665×10^{-19} 库，在相继的一系列上升中，油滴失去了6个电子或负离子，然后得到7个，继而又失去1个，又失去3个，再失去1个，接着又得到5个，等等，如此类推。

对许多油滴重复这一实验之后，密立根得到了电子电荷的平均值为 1.592×10^{-19} 库，实验误差大约是 0.003×10^{-19} 库。在那个时代，这是直接或间接测定电子电荷最精确的值。更重要的是他的这种测量方法，因为在跟踪油滴多次上升和下降的过程中，密立根可以观测到油滴获得或失去很小数目的电子，有时仅一个电子。汤森、汤姆孙和威尔逊在卡文迪许实验室进行的测量，实际上只是测量了水汽云中水滴离子电荷的平均值，这就有可能使单个离子或电子电荷值存在于一个相当宽的范围里，在密立根之后这种可能性已不复存在；当油滴每次获得或失去电荷时，这一电荷总是同一基本电荷的整数倍，精度在百分之一左右。[1]

密立根很快就利用他的电子电荷值来计算原子的其他参量。他的

---

1. 正如 G. 霍尔顿在研究密立根的笔记本时所指出的，密立根在选择将哪一些油滴放进他发表的成果中时，确实显示出了惊人的判断力。另一位实验物理学家、维也纳大学的菲力克斯·埃伦哈夫特（Felix Ehrenhaft）却坚持寻找一些具有反常小电荷的油滴。尽管埃伦哈夫特临死仍不服气，但时间已经证明密立根的判断是正确的。

一个便利条件是在电解中已经测得的法拉第常数（阿伏伽德罗常数乘以电子电荷）是96500库/摩。用电子电荷除以此数值，密立根得到的阿伏伽德罗常数是96500/（1.592×10^{-19}），即每摩尔含6.062×10^{23}克分子。我们可以等价而又不太抽象地说，电解已经给出氢离子的质荷比是1.045×10^{-8}千克/库，现在又知道离子的电荷是1.592×10^{-19}库，所以氢离子的质量就是两者的乘积1.663×10^{-27}千克。从已知的电子质荷比大约是0.54×10^{-11}千克/库，就立即可以算出电子的质量大约是（0.54×10^{-11}千克/库）×（1.592×10^{-19}库）=9×10^{-31}千克。

现在要估计原子的大小就很容易了。例如，金的相对原子质量是197，而氢是1.008，所以金原子的质量是197除以1.008再乘以氢原子的质量，即得3.250×10^{-25}千克；金的密度是1.93×10^{4}千克/米^3，所以每立方米必然有（1.930×10^{4}千克/米^3）÷（3.250×10^{-25}千克）=5.94×10^{28}（个）金原子。也就是说，每个金原子占有的体积是1除以5.94×10^{28}，即1.68×10^{-29}米^3。如果金原子紧密排列在一起的话，那么对1.68×10^{-29}米^{3}开立方，就得到金原子的直径是2.6×10^{-10}米。

多年来，密立根测量的电子电荷值，为原子尺度提供了最精确的基础。20世纪30年代，对空气黏滞性的重新测量引起了电子电荷的最佳值一次最大的改变。目前电子电荷的最佳值是$1.6021765 \times 10^{-19}$库，只是小数点后最末两个数字"46"具有不确定性。这一最佳值比1913年密立根测得的电荷值大了不到百分之一。

历史发展到今天，虽然人们的改进电子电荷值的愿望已不如以往强烈，但类似密立根和威尔逊的实验仍然有人继续在做。物理学家现

93　　在对电荷的探究，不再简单是为了确证电子电荷的值是正的和负的整数倍，而是如在第5章将十分详细讨论的那样，现在我们相信质子由3个称为夸克（quark）的粒子组成，其中2个夸克具有 $-\dfrac{2}{3}$ 倍电子电荷，1个夸克的电量是电子电荷的 $\dfrac{1}{3}$ 。不时有报告称，用密立根的实验方法可以发现，有的油滴只携带电子电荷整数值的 $\dfrac{1}{3}$ ，但至今为止这种实验没有被人确认。否定的结果没有像实际发现那样让人激动，但它们也可能是重要的。这些实验否定的结果证实了人们广泛相信的设想：尽管夸克除了与其他夸克（或称为反夸克的粒子）结合在一起才能存在，而当它们结合在一起时，其电荷加起来总是电子电荷的整数倍。

第 4 章 [1]
原子核

　　原子是电中性的，但汤姆孙发现的电子却携带负电荷。如果原子真的含有电子，那么原子也必定含有某种其他携带正电荷的物质，以抵消电子携带的负电荷，保证原子的电中性。发现电子后，一个重大的任务就是要找到这种携带正电荷的物质，并指出这种物质和电子在原子里如何排列分布。

　　1903年，汤姆孙在耶鲁大学的西利曼讲座（Silliman Lectures）提出一个想法，认为电子镶嵌在带正电的、连续状的基本物质里，就像葡萄干布丁中的葡萄干一样。几乎在同时，东京的长冈半太郎（Hantaro Nagaoka，1865 — 1950）提出一个"土星模型"（Saturnian model），认为电子应该围绕一个带正电物质的中心在轨道上旋转，就像卫星环绕土星或行星环绕太阳旋转一样。现在我们知道，长冈的模型接近于正确的图像：原子的正电荷的确集中于很小的致密的核里，电子绕核旋转。但这些都必须由实验来证实。

　　原子核是1909 — 1911年在恩斯特·卢瑟福的领导下，在曼彻斯特大学的实验中发现的。1871年，卢瑟福（图4-1）出生在新西兰的布莱特瓦特（Brightwater），他家是从英国到新西兰的早期移民，定

图4-1 恩斯特·卢瑟福爵士

居在一个环境优美的峡谷里。他们家种植亚麻，有很多孩子。卢瑟福曾在新西兰纳尔逊学院（Nelson College）上学，并且是一个优秀的学生；后来，他又到教会办的坎特伯雷学院（Canterbury College）攻读研究生，在物理学和数学方面获得了最优等的成绩。在坎特伯雷学院他开始研究电磁学，这项研究的历史意义，仅在于使他获得了每年150英镑的奖学金，从而使他在1895年可以到卡文迪许实验室工作。

卢瑟福来到剑桥以后的几年里，物理学界正因为一系列迅速的革命性发展而振奋，其中以汤姆孙于1897年发现电子达到高峰，而开端则是 95 1895年11月威廉·康拉德·伦琴（Wilhelm Conrad Röntgen, 1845 — 1923）在维尔茨堡（Würzbrug）发现了X射线。

简单地说，伦琴发现，当阴极射线射到射线管的玻璃管壁时，发射出一种高穿透性的神秘射线，伦琴称它为X射线，它可以使照相底片感光，而且使各种材料发出荧光（fluoresce）。现在我们知道，X射 96 线是一种波长极短的光，一般仅为可见光的波长几千分之一。当原子外层的电子跳进内部轨道，以代替被阴极射线击出的原子内层电子的时候，就会发出X射线。这儿讨论X射线的发现有点偏离我们的主题，但是这一发现却提醒各地的物理学家，可能还有其他辐射没有被发现。

接着的一个发现对卢瑟福来讲具有决定性意义。1896年，亨利·贝克勒尔（Henri Becquerel, 1852 — 1908）在巴黎宣布他发现了放射性。在下一节，我们将描述这个发现的细节以及放射性物质的早期研究；在这里我们只需提到：放射性物质里原子发射各种类型的粒子，其能量比原子通常参与化学反应时释放的能量要大数百万倍。

正如人们对一个在汤姆孙实验室工作的人所期望的，卢瑟福首先对放射性和 X 射线对气体电传导的影响非常有兴趣。从放射性原子里发射出来的高能量粒子，可以把电子从原子中打出来，随后这些电子又可以作为电流的载体。1898 年，卢瑟福在与汤姆孙共同研究 X 射线对气体导电性的影响之后，证明了 X 射线和放射性的作用在本质上是相同的。而且，他至少识别出两种放射性，即他所称的 α 射线和 β 射线。

这项成果使卢瑟福来到蒙特利尔的麦克吉尔大学（McGill University），在新捐建的麦克唐纳物理实验室（Macdonald Physics Laboratory）获得了研究教授的职位。1898 年 9 月，他乘船来到加拿大，在离开前他关照别人将他小心包装的一些放射性钍盐和铀盐寄到蒙特利尔。在麦克吉尔大学，他与一位来自牛津大学的年轻化学家索迪（Frederick Soddy，1877 — 1956）成为很好的合作伙伴。在麦克吉尔大学的几年中，卢瑟福和索迪研究了好几种放射性物质，这些研究将在下节讨论。1900 年，卢瑟福抽空回新西兰结了婚，1903 年到伦敦皇家学会作贝克尔讲演（Bakerian Lecture），1905 年继汤姆孙之后到耶鲁大学作西利曼讲座的演讲。虽然在麦克吉尔大学的研究十分出色（图 4-2），但卢瑟福感到与欧洲的物理研究中心隔得太远，因此，当曼彻斯特大学于 1906 年向他提供教授职位时，他抓住这个机会回到英国。那时，曼彻斯特大学和剑桥大学是英国两个领先的物理学研究中心。

1907 年，卢瑟福在曼彻斯特大学开始了新的研究生涯，他的研究方向从放射性本质转到了用放射性做工具，解决本章一开始就提出的问题 —— 原子中的物质和电荷的分布问题。卢瑟福和他的同事为解

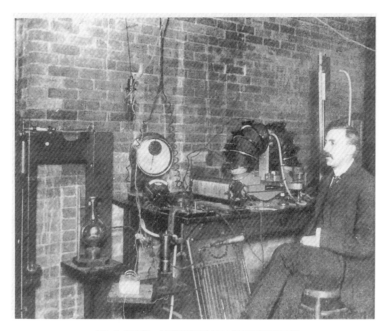

图4-2　1905年，卢瑟福在麦克吉尔大学自己的实验室里

决这一研究所使用的方法，现在已经成为物理学不可缺少的部分之一。
他们用高能量粒子撞击很薄的金属箔，并利用这些粒子被金属箔散射 [97]
到不同角度的概率，推算出金属箔里原子里电荷的分布（在本章后面
我们会分析这些实验）。现在，在这类实验中用做探针（probe）的高
能粒子，由巨型加速器提供。如在芝加哥附近的巴塔维亚（Batavia）、
日内瓦、汉堡和斯坦福那样的加速器，都是以千米来量度的大型机器，
它们所消耗的电力相当于一个大城市的用电量。这类实验的目的已不
再是研究原子结构，而是研究原子内部的粒子结构，甚至是这些粒子
内部的结构。但是，利用散射以探测结构的基本原理，仍然与卢瑟福
当年采用的方法相同。当然，卢瑟福在当时使用的探针只能是天然放

射性物质发射的高能量粒子，但是他却因此解决了电荷在原子内部排列的问题：正电荷集中于很小的核上，电子绕核旋转。

98　　　卢瑟福的研究成果中出现了一些新的问题，这些问题和他已经解决的问题一样棘手。例如，原子内电子轨道的尺寸和能量由什么来决定？为什么轨道上运转的电子不连续地发射电磁波？如果说负电子能在正核周围轨道上运转是由于异性电荷相吸引，那么又是什么原因保持原子核的各部分不分崩离析呢？这些问题在那个时代是无法用经典物理来解决的。但是，丹麦年轻的物理学家尼尔斯·玻尔（Niels Hendrik David Bohr，1885 — 1962）却对这些课题的解决迈出了第一步。1912 年，玻尔到曼彻斯特拜访了卢瑟福，1914 年又作为物理学的高级讲师（Reader）来到曼彻斯特在卢瑟福身边工作。玻尔此后的研究成果直接导致 20 世纪 20 年代量子力学的产生（这已经超出了本书的范围）。遗憾的是，卢瑟福并不太赞同量子力学的理论，他认为它的理论性太强，与他研究的实验事实偏离太远。马克·奥利芬特爵士（Sir Mark Oliphant）曾回忆说，玻尔在卡文迪许实验室作司各脱演讲（Scott Lecture）时，就不确定性原理（uncertainty principle）做了解释，卢瑟福听了之后对玻尔说：“玻尔，你知道，你的理论对于我来说，就像建立它们的前提一样是不确定的。”内维尔·莫特爵士（Sir Nevill Mott）讲过一个故事：在 20 世纪 20 年代量子力学激动人心的发展时期里，一位同事问：“最近物理学的情况怎么样了，卢瑟福？”卢瑟福回答说：“唯一可以说的是，物理学的理论家们过于异想天开，我们应该让他们冷静下来，脚踏实地。”作为一个理论物理学家，我对这种反理论的情绪当然感到惋惜。但事实上，理论物理学家和实验物理学家通常相处得很好，相辅相成，缺少了任何一方，另一方就几乎完全不能取得进展。卢瑟福的这种态度，可能部分原因是当时对原子核了解得非常之少，以致精细的数学理论还完全谈不上。实际上，无论需要什么理论，卢瑟福完全有能力自己解决。

1919年，卢瑟福继汤姆孙之后，出任卡文迪许实验室的物理学教授，这是在他当选之日用电报通知他的。此后，在剑桥大学，他指导着一组年轻人，这些年轻人在20世纪30年代开创了核物理学（nuclear physics）的新纪元。其中特别值得提出的是查德威克（James Chadwick）发现了中子，考克罗夫特（John D.Cockcroft，1897—1967）和瓦尔顿（E.T.S.Walton，1903—1995）用人工加速的粒子引起核的蜕变（disintergration of nuclei）。卢瑟福也获得了一位科学家所能获得的所有荣誉：1908年因放射性研究获得诺贝尔化学奖，还有数不清的荣誉学位；1914年获得爵士称号；1925年任皇家学会会长；1930年被授予贵族头衔。他追根寻源，选用了"纳尔逊的卢瑟福男爵"这个爵号；在他的盾形纹章的纹饰中，他绘上了一只新西兰特产的"几维"鸟（kiwi bird）[1]，纹章上写着："巨岩之上，五彩光环中，几维鸟子然而立。"直到1937年去世，他一直是卡文迪许实验室有活力的领导人。对于我们这一代不了解卢瑟福的物理学家来说，他给人的印象是语言尖锐、精力旺盛和俭朴节约。他不是官僚，但批评人很苛刻。1962年我访问剑桥时，人们让我看了墙上的一幅鳄鱼雕刻

99

---

1. 几维鸟是新西兰一种不会飞、没有尾巴的鸟，它有像头发似的羽毛和一个向下弯曲的长喙 —— 译者注。

图4-3 卡文迪许实验室墙上的鳄鱼雕刻画（埃里克·吉尔作）

画（图4-3），据说它是卢瑟福的象征。[1]他为他的一群"孩子"——卡文迪许实验室的一群才华横溢的年轻实验物理学家感到骄傲，并尽力保护他们。这群年轻人中，不仅包括查德威克、考克罗夫特和瓦尔顿，也包括布莱克特（Blac-kett）、菲瑟（Feather）、卡皮查（Kapitza）和奥利芬特。卢瑟福的研究从来没有停顿过，如果将他在麦克吉尔、曼彻斯特和剑桥三所大学的研究成果分成由3个不同的人完成，3人中的任何一个都将被认为是在科学上具有非凡业绩的人。他常常赞成这样的想法：用"弦线和封蜡"（string and sealing loax）等有限的资源来进行物理研究。有一次，一位年轻的物理学家向卢瑟福抱怨说，他在实验中得不到他需要的设备。卢瑟福听了以后说："哦，这没有什么，我可以在北极做实验呢。"当然，卢瑟福完全明白，做实验研究不可缺少资金。他1919年到卡文迪许实验室上任时，曾试图筹集20万英镑添置新设备，但没有成功。在以后的几年里，他常常力图建造可以把粒子加速到能量越来越高的机器。

---

1. 图4-3中的鳄鱼雕刻画在本书序言前的照片上也可以看到。这幅雕刻是在卡皮查的请求下，由埃里克·吉尔（Eric Gill）雕刻而成，吉尔在20世纪30年代因其性别的偏见和雕刻而闻名。这幅雕刻与卢瑟福的关系，我听到过几种说法，霍尔顿对我谈及伽莫夫（George Gamow）的说法：卢瑟福与众不同的洪亮声音，对他的学生和助手起了警示作用，人们听到他的声音就知道他正从走廊走过来了。这好比《彼得·潘》（Peter Pan）一剧中，被鳄鱼吞到肚子中的钟的滴答声，它对船长胡克起着警告作用，说明鳄鱼又跟上来了。科恩的说法不同：他说在中世纪时，鳄鱼是炼金术的象征，而卢瑟福喜欢自比为炼金术士，他有一本著作就是《新炼金术》（The Newer Alchemy），他在卡文迪许实验室的办公室中，挂着一幅炼金实验室的木版画，画中炼金设备上方挂着一条剥制的鳄鱼。在伊夫（A. S. Eve）写的书中，我找到了有关卢瑟福与鳄鱼之间关系的唯一文字记载。伊夫认为，鳄鱼可能象征卢瑟福的敏锐与果敢，因为鳄鱼从来不后退。布莱恩·皮帕德（Brian Pippard）有另一种猜测，在卡皮查的母语（俄语）中，鳄鱼的发音是"老板"（boss），当我与卡皮查在康斯坦茨湖（Lake Constance）一次会议上相遇时，我曾有机会亲自问到这幅鳄鱼雕像的含义，他说这是一个秘密。

在本书第一版出版后，我收到英国莱彻斯特（Leicester）柯夫曼先生（Mr. J. L. Koffman）一封有趣的信，他与卡皮查的三个姐姐相识。柯夫曼说，在1922—1925年，在俄罗斯流行一首"相当粗野的"关于鳄鱼的歌；在这首歌里，一条巨大的鳄鱼在街上爬行，而且捕捉各种族的人，尤其喜欢夺取他们身体隐秘的部位。我猜想，卡皮查的想法是在一般意义上把鳄鱼作为一个符号，表示卢瑟福的凶猛，并不刻意表示他特殊的习惯。无论如何，我想我仍然没有听到关于卢瑟福与鳄鱼的最终解释。

100 在《核物理回顾》(*Nuclear Physics in Retrospect*)专题讨论会上，莫里斯·戈德哈伯(Maurice Goldhaber)在评论核物理实验规模日趋增大时说："首先将核分裂开的是卢瑟福，这儿有一张照片，他将裂变设备抱在膝上。而给我印象最深的是下一张照片：当伯克利一座著名的回旋加速器建成时，所有的人都坐在加速器的底座上。"现代粒子物理学(modern elementary particle physics)的规模越来越大。费米实验
101 室(Fermilab)的加速器是一个周长4英里(6.4千米)的圆环，包围了伊利诺斯州相当大的一块草地，一群野牛在上面平静地吃着草。人们有时会问，既然卢瑟福当年能在桌面上完成那么多实验，何以今天物理学家要花几亿美元来建造巨大的加速器呢？我的答案是，因为能用弦线和封蜡发现物质基本性质的实验都已经做完了，而且大部分是卢瑟福做成的。

至此，我着重谈了电荷在原子中分布的问题，但是，卢瑟福在曼彻斯特的小组还解决了另一个问题。这个问题是汤姆孙在发现电子的过程中提出的，即原子中的质量如何分布？我们由第3章已经知道，19世纪初期，道尔顿和其他化学家已经测定了不同元素原子的相对质量，确定碳原子质量是氢原子的12倍，氧原子质量是氢原子质量的16倍，等等。另外，由法拉第和其他人的电解研究中，在酸或盐的溶液中携带电流的荷电原子(离子)的质荷比，对氢而言约为10^{-8}千克/库，对较重的原子而言则更大。电子被发现以后，科学家清楚了这些离子只不过是获得或失去一个或多个电子的原子，获得的为负离子，失去的为正离子。根据这一认识，氢离子的电荷正好等于一个电子的电荷。由于电子的质荷比是氢离子的1/2000，而电荷彼此相等，所以氢离子(和氢原子)的质量应当大约是电子质量的2000倍。这是否可以认为

原子是由几千个电子组成的呢？或者是原子的质量大部分在别的什么地方，而且也许与正电荷有什么关联？

　　下面我们将会看到，1909—1911年在曼彻斯特大学进行的一些实验，不仅证明原子的正电荷集中在一个很小的核里，而且原子的所有质量几乎都分布在核里。那么，原子核到底是由什么组成的呢？道尔顿的发现说明，原子的质量通常是氢原子质量的整数倍，所以我们可以认为，原子核是由重的带正电的粒子组成，这种粒子与氢核相同。1920年，卢瑟福称这种粒子为质子（ *proton* ）。但卢瑟福自己的研究结果又指出这种想法行不通。例如，氦核的质量是氢核质量的4倍，但卢瑟福又发现氦核的电荷仅仅是氢核的2倍。正如我们将会看到的，莫斯莱在1913年测量了其他核的电荷，也发现了同样的事例。例如，钙的原子质量为氢的40倍，但其原子核的电荷仅为氢核的20倍。在20世纪的前20年里，大部分物理学家认为原子核里也含有电子。例如，氦核由4个质子（可以解释质量）和2个电子（可以抵消2个正电荷）[102]组成。但这种想法是错误的，直到1932年发现了中子——最后一个亚原子粒子，正确的答案才终于找到了。

放射性的发现和解释

　　因偶然而得到的科学发现，在人类发展历史中所占的比例并不像许多人想象的那样大。然而，开创了20世纪物理学的伟大发现中，的确有一个伟大的发现毫无疑问是偶然发现的，那就是放射线的发现。

　　1896年2月，在X射线被伦琴发现几个月以后，巴黎综合工业学校（Ecole Polytechnique）的亨利·贝克勒尔（Antoine Henri Becquerel，1852—1908）正在研究一种可能性：太阳光能否使晶体发射像X射线那样有穿透性的射线？贝克勒尔的方法很简单，他把各种晶体放在用黑纸包住的照相底片附近，用一个铜屏将它们隔开。如果阳光能使晶体发射类似于X射线的射线，那么这些射线将可以穿透包在底片外面的黑纸，但不能穿过铜屏；这样，在底片冲洗出来后就会发现，底片已经曝光，但会留出没有曝光的铜屏印迹。

碰巧的事发生了。贝克勒尔研究的晶体中有一种是铀盐 —— 亚硫酸铀钾。（贝克勒尔曾经猜想，他想寻找的效应可能与磷光物质有关，这些铀盐是已知的磷光物质。）此外又很凑巧的是，正好在实验的那几天天气不大好。下面的文字是贝克勒尔对所发生的事情的描述（报告写于事情的次年）：

> （2月26日和27日）太阳时有时无，（所以）我停止了所有的实验，把没有包好的底片放在柜子的抽屉中，铀盐则也放在抽屉里，准备天气放晴马上可以开始实验。以后几天仍然没有太阳。3月3日，我把底片冲洗出来，本预料只有微弱的印迹。但出乎意外的是，出现了很深的阴影……

两个月以后，贝克勒尔又写道：

> 从3月3日到5月3日，这些盐放在一个铅制盒子里，盒子放在暗处。……在这种情形下，这种盐继续活跃地辐

　　射着……所有我研究过的铀盐，无论是发磷光还是不发
磷光的，也无论是否被光照射，或者是在溶液里，都得出
一致的结果。于是我得到了一个结论：这种效应是由于这
些盐里存在着铀元素。

　　贝克勒尔把这些射线归因于铀是正确的。在此后几年里，在法 [103]
国一直称这种射线为铀射线（*rayons uranique*）。但是，其他元素也
可以产生这种射线。1898年，玛丽·居里（Marie Sklodowska Curie，
1867—1934）在巴黎发现，钍元素也可以发射出类似的射线，她和她
的丈夫皮埃尔·居里（Pierre Curie，1859—1906）发现了镭元素，而
且发现镭的放射性比铀高出几百万倍。这一年，居里夫妇（图4-4）
给这种现象起了一个现代通用的名称 —— 放射性（*radioactivity*）。

　　但是，放射性又是什么呢？这个问题的复杂性在于：放射性原子
发射3种不同类型的射线。如上所述，在1895—1898年，卢瑟福在卡
文迪许实验室对放射性的研究表明，至少有两种不同类型的射线，卢
瑟福称之为α射线和β射线。β射线的穿透力和X射线差不多，但α射
线的穿透能力就小很多，它们中的大部分可以被一个0.001英寸（1
英寸=2.54厘米）厚的铝箔挡住。贝克勒尔，还有吉塞尔（F. Giesel），
在1899年各自独立地注意到，铀发射的部分射线（即卢瑟福的β射
线）能为磁场所偏转，而且偏转的方向与阴极射线相同。利用汤姆孙
的方法，贝克勒尔测量了β射线的质荷比，并发现这个质荷比接近汤
姆孙测定的电子质荷比。（1907年，考夫曼更精确地测量了β射线的
质荷比。）很明显，β射线就是电子，但是它的运动速度比阴极射线中
电子的速度大得多。

图4-4　玛丽和皮埃尔·居里和他们的女儿伊娜伦（摄于1904年）。伊伦娜后来于1935年获得诺贝尔物理学奖

用电场和磁场来偏转α射线比较困难，但在1903年，卢瑟福在麦克吉尔大学还是成功地测到了这种偏转，而且还用这种方法测量了α粒子的质荷比，其值与电解中氢离子的质荷比相同。1906年，卢瑟福用更大的精确度重复这个实验后，发现α粒子的质荷比实际上是氢离子的2倍。这可能意味着α粒子的电荷等于氢离子的电荷，而相对原子质量则为2（氢相对原子质量的2倍）。然而，没有一种已知化学元素的相对原子质量为2。卢瑟福很快就猜测到，α粒子就是氦离子，氦是氢之后最轻的元素，相对原子质量是4。那么，α粒子质荷比是氢离子的2倍，而质量是氢离子的4倍，其电荷就必然是氢离子的2倍，与两个电子电荷的大小相等，但电性相反。卢瑟福首先测定了以后称为原子序数（atomic number）的量；α放射性中发射的氦离子的电荷为+2个单位的氢离子电荷，因为这是氦核的电荷，因而由放射性物质所发 [104]
射的α粒子正好是失去了通常含有2个电子的氦核。

卢瑟福之所以认定α粒子就是氦离子，至少部分原因是当时已经 [105]
知道氦与放射性物质有关。事实上，地球上的氦首先由英国化学家威廉·拉姆赛（William Ramsay, 1852 — 1916）于1895年在铀矿里发现。我说"地球上"，是因为氦首先是在太阳上发现的。如果让一束狭窄的阳光穿过棱镜，然后用望远镜观察，就会在光谱上得到许多亮线和暗线，这些亮线和暗线是太阳表面原子发射或吸收特定波长的光而产生的。经过辨认，这些谱线中的大多数与地球上实验室里各种原子产生的谱线相同，但1868年日食期间，第一次观察到的一条特殊谱线却一直是一个谜，因为它与已有的原子谱线不符。天文学家洛克耶（J. Norman Lockyer, 1836 — 1920）认为这是一种未知的新元素产生的谱线，并根据太阳的希腊文"helios"—— 太阳神，将这一新元素命名为

helium（氦）。氦在太阳上和宇宙中非常普遍，大多数恒星质量的1/4由氦构成。由于氦原子如此之轻，化学性质又很不活跃，所以在地球上相当稀少。在地球的大气中，单个氦原子与空气相撞时很容易得到足够的速率从而逃离地球的引力，而且氦不能像氢那样陷入水分子等相对较重的分子里。

当拉姆赛和索迪于1903年在麦克吉尔大学观察到氦由镭盐产生时，于是不可避免地得出了这样的结论：氦是在放射性中产生的。1907—1908年，卢瑟福和罗伊兹（T. D. Royds）在曼彻斯特收集了足够的由镭发射的α粒子，并观察到它们的光谱线与太阳上的氦一致，于是最终无可争辩地证实了α粒子就是氦离子。当时卢瑟福并不知道许多放射性原子都发射α粒子，其原因与氦普遍存在于宇宙中的原因是相同的，即氦原子是至今最轻的原子中束缚得最紧密的。

三类放射性中的第三种射线，像β射线和X射线一样是高穿透性的，但又像α射线和X射线一样，不容易被磁场偏转。这种射线由维拉德（P. Villard）于1900年在法国首先观察到，1903年卢瑟福称它为γ射线（gamma rays）。卢瑟福猜测γ射线像X射线一样，是一种波长极短的光，但直到1914年才被证实。1914年，卢瑟福和安德雷德（E. N. da Costa Andrade，1887—1971）通过观察晶体对γ射线的散射，成功地测出了γ射线的波长。（在放射线历史的早期，γ射线远没有α射线和β射线那么重要，因此在本书中我不多讲它了。）

106　　由此得知，α射线是带电的氦离子（实际上是氦原子核），β射线是电子，γ射线是光的脉冲（pulses of light）。但是，是什么原因使原子放射这些射线呢？1899年，卢瑟福到麦克吉尔大学后不久，发现了一条重要线索。早在一年前他就发现，钍的放射性有时候似乎有涨落（fluctuate），如果把钍放在通风的地方，涨落就更加明显。卢瑟福让空气吹过钍样品的表面，并把这些空气收集到一个细颈瓶里，得到了他称为"钍射气"（thorium emanation）的样品。[稍早一些时候，多恩（Friedrich Ernst Dorn）发现镭也发射类似的气体。]这种气体放射性很强，而且明显地是钍本身放射性的一部分。（顺便提一句，卢瑟福在麦克吉尔大学所做的所有实验中，放射性的数量是通过它对气体导电性的影响来测量的——同一现象卢瑟福和汤姆孙在剑桥都研究过。）

这一发现的部分意义在于它揭示了放射性现象的复杂性。与钍和铀这类元素相关的大多数放射性，大部分来自像钍射气或镭射气的微量物质，而这些微量物质本身又是由其母体元素的放射性而产生的（或者由母体元素放射性产生的其他物质的放射性引起的。）例如，卢瑟福和索迪于1903年发现，钍（以及它产生的所有钍射气）的54%的放射性，是由一种他们称为"钍X"的放射性强的物质辐射的。在钍盐（硝酸钍）溶液中加入氨，可以在溶液中浓缩钍X；而钍则成为沉淀物（氢氧化钍）而被分离出来，溶液中留下钍X。用这种方法分离出钍X后，钍的沉淀物的放射性就小多了，而且不再产生钍射气。但是，在1901年圣诞节期间，卢瑟福和索迪把分离出了钍X的钍样品搁置了3周后，再拿回实验室时他们发现，钍X又恢复到原来正常的丰度（abundance）。这个样品不仅恢复了它的放射性，而且又可以重新产生钍射气。于是得出的结论是：钍X不仅仅是偶然伴随天然钍的杂质，而且实际上也是由钍产生的，正如钍X产生钍射气一样。

比揭示放射性复杂性更为重要的是，要认识到由放射性产生的这些物质，实际上是与原来放射性元素不同的元素。1902年，卢瑟福和索迪证明，钍射气是一种新的"惰性气体"（noble gas），即不久前拉姆赛发现的化学性质极不活泼家族的一个成员（这个家族成员还包括氦、氖、氩、氪和氙），这种新的惰性气体最初称为"niton"，后来称为氡（radon，用Rn表示）。人们还发现，镭射气也是氡的一种形态。（用现代术语来说，钍射气和镭射气是氡的两种不同的同位素：^{220}Rn 和 ^{222}Rn。现在已经知道氡共有20种同位素。）此外，钍X显然是不同于钍的另一种化学元素；后来证实，它是镭元素的一种异常的放射形态（钍X是 ^{224}Ra，而普通的镭是 ^{226}Ra）。所以，钍先衰变成一种镭，而后又衰变为氡。

1903年，卢瑟福和索迪在题为《放射性的原因和性质》（*The Cause and Nature of Radioactivity*）的两篇经典论文[1]中解释说，放射性实际上是一种化学元素转变为另一种化学元素，其转变是通过发射带电的α粒子或β粒子而完成的。这种观点在当时引起了轰动，因为元素不可改变已经是化学公理。第二年，卢瑟福在伦敦皇家学院面对怀疑的听众，仔细解释了他和索迪的"蜕变理论"（disintegration theory）。皮埃尔·居里也在听众之中，他当时正准备写一个放射性研究的述评。但是在他后来的述评中，居里竟然没有提到卢瑟福和索迪的蜕变理论。

钍射气还使人们对放射性的本质有了另一个极重要的认识。卢瑟福注意到钍射气产生的放射性强度迅速衰减：给定气体样品的放射性在1分钟后即衰减至初始值的1/2，2分钟后仅为初始值的1/4，3分钟后仅剩1/8，依此类推。正如卢瑟福和索迪在文章中所解释的，每个钍射气的原子在每分钟（实际上是54.5秒）发射1个α粒子的概率是50％，而不管这个原子已存在了多久或还有多少其他原子存在；而且，当这个原子发射了一个α粒子以后，就不再是一个钍射气的原子。（当然，α粒子的发射不仅仅在54.5秒的间隔里发生，它可以在任何时刻发射。）如果开始有一定数量的钍射气，那么在54.5秒后，有一半钍射气已经衰变，所以钍射气的放射性强度只剩下一半；再过54.5秒后，剩下的钍射气又有一半衰变了，所以放射性强度是原来一半的一半，即原来的1/4，依此推算。这里重要的是：钍射气发射α粒子的速率与其他原子的存在没有关系，是单原子过程，不像普遍的化学反应。这一现象的重要点还在于其发射速率与该原子以前的历史无关，因此α粒子的发射必然是一个随机过程（probabilistic process），就像投掷硬币一样。有一个古老的谬论这样说：如果一个硬币投掷了许多次，[108]落地时总是正面朝上，那么下一次投掷，背面朝上的机会会更多一些。实际情况并非这样。如果硬币是完全匀称的，那么首次投掷时正面朝上的机会是50％，投掷两次时正面朝上的机会是25％，投掷三次则为12.5％，依此类推。在一个钍原子的放射性衰变中，就如同54.5秒投掷一次硬币，只有硬币正面朝上该原子就存活一样。（但是，放射性衰变又不同于掷硬币，因为衰变可以发生在任何时刻。）这种随机行为的原因，直到20世纪20年代末至30年代初，在量子力学（quantum mechanics）应用于核物理学之后，才终于弄明白。

人们很快就发现，其他放射性元素也遵从同样的衰变规律。每一种放射性元素都有自己的一个特征性半衰期（half-life）。半衰期指的是这样一段时间，在这段时间里一个原子有50％的概率发生放射性转变；或者用另一个相同的说法是，在这段时间里，元素样品的放射性强度将衰减一半。[1] 正如我们已经知道的，钍射气的半衰期为 54.5 秒，镭射气的半衰期为 3.823 天，钍 X 的半衰期为 3.64 天，等等。（半衰期提供了一种发现同位素的线索。在第 3 章中已经讨论过，钍射气和镭射气是同一种元素——氡，但它们两者的半衰期不同。）之所以没有观察到钍、铀或镭的放射性衰减，其原因是这些元素（或者更确切地说，是它们最常见的同位素）的寿命极长，如镭（^{226}Ra）的半衰期是 1600 年，钍（^{232}Th）的半衰期是 1.41×10^{10} 年，而铀（^{238}U）的半衰期则是 4.51×10^9 年。在镭、钍或铀的样品中观测到的放射性，其实多半是由钍 X 之类少量寿命极短的强放射性元素造成的。但是，这些迅速衰变的元素不断被它们的母体的放射性所补充，所以在未扰动的钍、镭或铀的样品观测到的半衰期，是其母体很长的半衰期。当卢瑟福和索迪从普通钍样品中除去了钍 X 以后，放射性起初明显地减弱了，但在几天之后放射性又逐渐增加，因为钍的衰变补充了钍 X，直到钍 X 的数量增加得足够大，以至每秒钟由发射 α 粒子而衰变的数量，正好等于钍衰变产生的钍 X 数量为止。此后，钍 X 减少的数量，与其母体 1.41×10^{10} 年的半衰期相比较，难以觉察。与此同时，原先从钍样品中分离出来的钍 X，以其 3.64 天的特征半衰期逐渐失去了其放射性。1930 年，当卢瑟福被封为贵族时，他把这个放射性衰变曲线（图 4-5）

1.“一半”，或 50%，都没有什么特殊的意义，我们也可以说“1/3 衰期”，其意思是说在这段时间里，给定的这种元素样品的放射性强度衰减到原来强度的 1/3；或者用另一相同的说法是：在这段时间里，单个原子发生放射性衰变的概率是 66.67%，由于 $\frac{1}{3} = (\frac{1}{2})^{1.58}$，所以 1/3 衰期是半衰期的 1.58 倍。事实上，通常描述放射性衰变并不用半衰期（或 1/3 衰期），而是用平均寿命（mean lives），即每个原子在发生放射性衰变之前平均存活的时间。在本书附录 H 中证明了，在很短的时间间隔里，原子发生衰变的概率等于这一时间间隔与原子平均寿命之比。而且，平均寿命是半衰期的 1.443 倍。例如，镭的半衰期是 1600 年，其平均寿命则为 1.443×1600 年，即 2310 年。因此，在 1 年内，给定的镭原子的衰变概率是 1 年 /2310 年，即 0.04%。

绣在他的男爵服的袖口上几维鸟的下方。

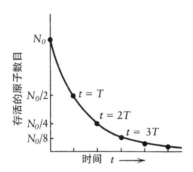

图4-5 半衰期衰变曲线。在每一时间间隔T以后，余下的原子的一半已经衰变了

读者也许会感到奇怪，像镭这样在地壳中发现的某些放射性元素，怎么会有比地球年龄短得多的半衰期呢？（镭的半衰期是1600年）。答案是：所有这些元素都是由寿命更长的元素的放射性衰变产生的。例如镭，它的母体元素是铀。唯一不以这种方式产生的放射性元素，其半衰期至少为数亿年，如铀和钍。即使是这些长寿命的元素，我们观测到的丰度明显地反映了它们放射性衰变的速率。例如，铀有两种长寿命的同位数；^{238}U和^{235}U，它们的半衰期分别是4.501×10^9年和7.1×10^8年。人们相信，这些同位素在较早一代恒星的爆炸中产生，这两种铀的同位素的数量大致相等，它们被抛射到星际物质中，形成了今天的太阳系。在地球上现在我们观察到^{235}U的丰度仅仅是^{238}U的0.0078倍，因此结论是，铀在很久以前就形成了，以致大多数短寿命的^{235}U都已经衰变得没有了。定量的分析则是，$0.0078 \approx \left(\dfrac{1}{2}\right)^7$——即$\dfrac{1}{2}$自乘7次。所以，自从铀产生以来，^{235}U和^{238}U所经历的半衰期 [110] 次数上的差别必定是7左右。由此得到铀存在的年龄大约是6×10^9

年，这样 ^{235}U 的年龄就大约是 ^{235}U 半衰期的 8.5 倍，^{238}U 的年龄大约是 ^{238}U 半衰期的 1.5 倍，两者半衰期的差则大约是 7（本书附录 H 中有详细的计算）。这种简单的计算，为我们提供了宇宙年龄下限的一个可靠的计算方法：宇宙至少有 6×10^9 年左右的年龄。近来有一种计算宇宙年龄更严格的方法：用光谱仪观察特别古老恒星 CS 31082-001 的光球层（photosphere）里的钍和铀原子。从 ^{238}U 相对于寿命较长的 ^{232}Th 非常迅速的衰变而耗空的数量，可以估计这颗恒星的年龄在 95 亿年到 155 亿年之间（即 $9.5 \times 10^9 \sim 15.5 \times 10^9$ 年）。

　　怎样才能测定自然界的铀和钍这类元素长达几十亿年的半衰期呢？回答肯定不是等着测量其放射性的衰减 —— 这种衰减太慢了。例如，卢瑟福在麦克吉尔大学的 9 年当中，只相当于钍的半衰期份额的

$$\frac{9年}{1.41 \times 10^{10}年} = 6.4 \times 10^{-10}$$

所以，当卢瑟福起航到蒙特利尔时，寄给他自己的钍样品的放射性在这 9 年里只不过减少到原来的

$$(\frac{1}{2})^{6.4 \times 10^{-10}} = 0.99999999956$$

这种减少，即使今天用最先进的技术也不可能观测到。因此，人们必须用单个原子放射性蜕变的计数来测量半衰期，例如通过数一数从衰变原子发射的 α 粒子打到硫化锌荧光屏时产生的闪烁次数来测定半衰期。将一给定的放射性元素样品里每秒钟蜕变的次数，除以样品中原子的数目（由阿伏伽德罗常数乘以克数再除以原子量来确定），我们

就得到了一个原子在1秒钟里发生衰变的概率，然后计算这个概率集聚到50%所需要的时间，这个时间就是半衰期。用这种方法，已经测量了比地球年龄长得多的半衰期。迄今为止，测得最长寿命的是锝122（^{122}Tc）的半衰期，约10^{22}年。目前有一些实验小组正在寻找诸如[111]氢和氧（通常认为它们绝对没有放射性）这类元素可能具有的极微弱的放射性，使用的方法是观测高达5000吨的普通物质，例如铁或水，等待由放射性衰变所突然产生的带电粒子。5000吨水含有$1.5×10^{32}$个水分子（$4.5×10^{9}$克乘以阿伏伽德罗常数$6×10^{23}$，再除以水分子量18），每个水分子每年衰变的概率如果是10^{-31}，那么每年应该发生15次衰变事例，这应该是可以探测到的。这相应于单个核粒子约10^{32}年的半衰期。

顺便说一句，有一些放射性元素（如镭）的半衰期很短，短得可以用它们放射性衰减的速率来测定，然而也长得足以用一个已知质量样品的放射性蜕变的次数来测定。如果样品中放射性原子的数目计算正确，那么用这两种方法测定的半衰期当然应该相同。同样，我们也可以利用通过放射性衰变测定的半衰期以及放射性物质每秒每克衰变的数目，来计算每克物质中的原子数目，由此（乘以原子量）即可得到阿伏伽德罗常数。1909年，用这种方法测得的阿伏伽德罗常数大约是每摩尔为$7×10^{23}$克分子，但是这个结果很快被密立根得到的精确得多的值所替代。

到目前为止，一个在20世纪前10年最让物理学家感到不安的问题，我还没有提及。1903年，卢瑟福利用α粒子在磁场和电场中偏转的实验，发现从镭发射出的α粒子的速度大约是$2.5×10^{7}$米/秒，约为光速的1/10。我们已知，任何粒子的动能是其质量乘以其速度平方的一半，所以，单位质量具有这种速度的粒子的动能大约是：

$$\frac{动能}{质量} = \frac{1}{2} \times \left(2.5 \times 10^7\right)^2 = 3 \times 10^{14} 焦/千克$$

　　α粒子的原子量是 4（尽管到 1906 年卢瑟福还认为它近似为 1），而镭的相对原子质量为 226，所以每个 α 粒子与发射它的原子的质量比是 4/226。因而，当所有镭原子由发射 α 粒子转换为另一种元素时，每千克镭释放的能量大约是：[1]

$$\frac{4}{226} \times 3 \times 10^{14} = 5 \times 10^{12} 焦/千克$$

　　与此对照，燃烧天然气之类普通燃料释放的能量，每千克大约是 5×10^7 焦。给定质量的镭在放射性衰变时释放的能量，大约是一般化学过程释放能量的 10^5 倍。1903 年，居里和拉博德（Laborde）测量了直接由放射性物质产生的热，他们发现，镭和它们的放射性产物每小时每克产生 100 卡路里的热量，如果不让这些热量耗散的话，在几小时之内就足以使它自身熔化。1904 年，卢瑟福和索迪在论文中指出："所有这些计算都得出一个这样的结论：原子里潜在的能量，比在普通化学变化中释放的能量大很多。"接着，他们做了一个非同寻常的推测：类似的巨大能量也蕴藏在普通非放射性原子中。用他们的话说就是："既然放射性元素在化学性质和物理性质方面与其他元素没有什

---

1. 卢瑟福实际上用一种不直接的方法进行这一计算。他使用了（当时了解很不够的）阿伏伽德罗常数的值来估计 α 粒子的质量，再利用这个质量来计算单个 α 粒子的动能（而不只是动能与质量的比），然后用镭原子的质量（也由阿伏伽德罗常数推出）来除，就得到单位质量所产生的能量。很容易看出，答案与我们这里的计算相同；而且实际上，答案与采用的阿伏伽德罗常数数值无关。

么不同 …… 因此没有理由认为这种巨大的能量只储存在放射性元素中。"他们还进一步指出,这个结论也许可以解决恒星辐射来源这个古老的谜:"如果太阳所含元素的内能都可以利用,也就是说亚原子的变化过程在继续的话,那么维持太阳系的能量 …… 就不存在任何基本上的困难。"[2]

卢瑟福对放射性遵守能量守恒原理从来没有任何怀疑。他认为钍射气原子在放射中释放的能量,正好就是它们在钍X放射性衰变中形成钍射气时储存在这些原子中的能量;而这储存的能量和钍X放射中释放的能量加在一起,正好是母体钍原子在放射性衰变形成钍X时储存于钍X原子中的能量。[这并不是显而易见的。当时有许多人推测,放射性物质可能从某些外部来源吸取能量,派斯(A. Pais)列出了其中一些人的名字,其中有居里、开尔文勋爵和佩兰。] 但是,这些原子用什么方法储存了如此巨大的能量呢?它是如何储存到天然的钍的母 [113] 原子内的?这种能量为什么在这种原子的一系列化学元素变化中释放出来呢?(每次化学元素变化伴随着释放一个α粒子或β粒子。)这些问题直到发现原子核和它的构成成分后,才能得到回答。

原子核的发现

1907年,卢瑟福到曼彻斯特大学后不久,有两位年轻的物理学家来到他的身边,一位是来自德国的博士后研究员盖革(Hans Wilhelm Geiger,1882—1945,图4-6),另一位是从新西兰来的更年轻的大学生恩斯特·马斯登(Ernest Marsden)。盖革开始的研究计划是研究α粒子穿过金属箔时发生的散射,1906年,卢瑟福在麦克吉尔大学时

图4-6 卢瑟福和汉斯·威廉·盖革

研究过这个现象。首先让镭源发射的α粒子射到有一条狭缝的屏幕上，从狭缝通过的就是一束狭窄的α粒子；随后，让这束α粒子穿过金属箔。当α粒子从金属箔里的原子附近经过时，金属箔原子使α粒子的路径稍微偏折一点，因此α粒子束就会散开来一些；再让散射后的α粒子射到硫化锌荧光屏上，在被α粒子击中的地方就会出现光的闪烁。用这种方法可以测量α粒子束散射后拓宽的程度。1908年，盖革在报道中指出，被散射的α粒子数目随着散射角的增大而迅速减小；而且在大于几度的角度外，没有观察到α粒子。[3]

至此，一切都在预料之中，没有发生什么令人惊奇的事。但在1909年，卢瑟福不知出于什么原因，想检查一下是不是有些α粒子会被散射到大得多的角度上去，从而远远地偏离原来入射粒子束的方

向。下面是卢瑟福对于当时发生的事情的回忆，引自他最后的一些
演讲之一：

> 有一天，盖革找到我说："我正在教年轻的马斯登用
> 放射性方法做实验，可以让他做一些小的研究吗？"当时
> 我有同感，就回答说："为什么不让他看看是否有一些α粒
> 子被散射到大角度上去了？"我可以确切地告诉你们，当
> 时我并不相信会发生这种事情，因为我们知道，α粒子速
> 度很大，质量也大，所以有很大的能量。如果散射是由许
> 多小的散射的累积效应形成，那么一个α粒子向后散射的
> 机会非常小。我记得，两三天之后，盖革非常激动地找到
> 我说："我们已经能够让一些α粒子向后散射了……"这确
> 实是我一生中遇到的最不可思议的事情。令人不可思议的
> 程度，差不多就像你对着一张薄纸发射一枚15英寸的炮弹，
> 但这炮弹却被纸弹回来打着了你。[4]

不管卢瑟福是否真的这样惊讶，但许多物理学家确实真的十分惊
奇。这些大角度散射（large-angle scatterings）怎样在1911年导致卢瑟
福有了原子核的概念，其原因还需要走很长一段路才能得到解释。

首先，正如引文中卢瑟福所说，用大量小角度散射来解释大角度
散射，是完全不可能的。1909年，盖革和马斯登发现（图4-7），镭C
（天然镭的第三代）发射的α粒子在穿过很薄的金箔（4×10^{-5}厘米厚）
时，散射概率最大的角度是$0.87°$；但是，每2万个α粒子中，大约有
一个α粒子向后散射（即散射角大于$90°$，它比概率最大的角度大100

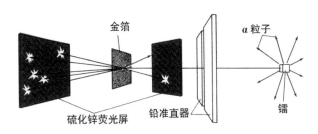

图4-7 盖革和马斯登用α粒子和金箔做的散射实验

倍）。在数学概率论里有一个众所周知的定理，即中心极限定理（the central limit theorem）。它给出了一个公式，用它可以求出一个量的任何特定值的概率，而这个量是由许多在统计学上无关的小增量组成，每个增量可在任何方向增加。根据这个公式，找到一个比其概率最大值大100倍（或者严格地讲，比它的均方根值大100倍）这样的量值，其概率只有 3×10^{-2174}。即使宇宙中所有物质都由α粒子组成，而且每个α粒子每秒向金箔发射几十亿次，在整个宇宙历史上发生一次这样不可能事件的概率，仍然完全可以忽略不计。因此，卢瑟福的结论是：只有当α粒子在与一个原子的一次（*single*）相遇中有可观的概率偏转到大角度上去时，大角度散射才能得以解释。

然而，α粒子携带这么大的能量，如果想使它们在与带电的原子的一次相撞中就偏转一个大的角度，那α粒子必须遇到强大的电场，而且必须非常接近它们遇到的带电粒子。1911年，卢瑟福在论文中对上述猜想做了一些计算，我们借用这些计算可以获得一个定量的认识。我们先考虑一个特别简单的情形，即一个α粒子正好击中金箔原子里一个带正电的重粒子，在一瞬间，由于它与原子粒之间电的斥力，α粒子停止了运动，然后反弹回去，就像对着水泥墙抛出一个橡皮球一样，橡皮球按原路返回。当这个α粒子远离带正电的原子粒子时，它的能量全部都是动能（参见第51页）。

$$初始动能 = \frac{1}{2} \times α粒子的质量 \times (α粒子初始速度)^2$$

当α粒子在原子粒子附近停止下来时，它所有的动能都用于反抗电斥力而做的功。所以，其初始动能必然等于这个功的总量。功是力乘距离，而库仑定律给出的力是：

$$力 = \frac{k_e \times α粒子的电荷 \times 原子粒子的电荷}{(α粒子与原子粒子间的距离)^2}$$

式中k_e是普适常数8.987×10^9牛·米^2/库^2。然而，这个力随着α粒子与原子粒子之间的距离的减小而变化。由于α粒子可以视为来自无穷远处，因而它运动的距离实际上是无穷大，所以这儿我们不能简单地用力乘以距离来计算所做的功。不过，正如本书附录 I 中所证明的，α粒子进入离原子粒子的给定距离时，α粒子做的功恰好是用上面的公式乘以这个距离（消去了分母中一个距离因子）：

$$\begin{pmatrix} α粒子到距原子粒子 \\ 给定距离时所做的功 \end{pmatrix} = \frac{k_e \times \begin{pmatrix} α粒子 \\ 的电荷 \end{pmatrix} \times \begin{pmatrix} 原子粒子 \\ 的电荷 \end{pmatrix}}{距离}$$

现在，设α粒子的初始动能等于α粒子到达最接近原子粒子时做的功，于是可以得到下面的等式：

$$\frac{1}{2} \times \begin{pmatrix} α粒子 \\ 的质量 \end{pmatrix} \times \begin{pmatrix} α粒子的 \\ 初始速度 \end{pmatrix}^2 = \frac{k_e \times \begin{pmatrix} α粒子 \\ 的电荷 \end{pmatrix} \times \begin{pmatrix} 原子粒子 \\ 的电荷 \end{pmatrix}}{\begin{matrix} α粒子与原子粒子 \\ 最接近时的距离 \end{matrix}}$$

这样就很容易解出它们最接近时的距离：

$$\left(\begin{array}{c}\alpha粒子与原子粒子\\最接近时的距离\end{array}\right) = \frac{2 \times k_e \times 原子粒子的电荷}{\left(\begin{array}{c}\alpha粒子的\\质荷比\end{array}\right) \times \left(\begin{array}{c}\alpha粒子的\\初始速度\end{array}\right)^2}$$

现在，我们可以代入数字。在盖革、马斯登的实验中，α粒子的速度是 2.09×10^7 米/秒，α粒子的质荷比已知为 2×10^{-8} 千克/库（这两个量都是在汤姆孙用已知电荷和磁场的情形下，用偏转的技术测定的）。当然，卢瑟福不知道假定的原子粒子的电荷，所以我们假定它的电荷是密立根所测的基本电子电荷 1.64×10^{-19} 库仑的 Z 倍，那么，α粒子和原子粒子的最近距离是：

$$\frac{2 \times \left(8.987 \times 10^9 牛 \cdot 米^2/库^2 \right) \times Z \times \left(1.64 \times 10^{-19} 库 \right)}{\left(2 \times 10^{-8} 千克/库 \right) \times \left(2.09 \times 10^7 米/秒 \right)^2} =$$

$$3.4 \times Z \times 10^{-16} 米$$

即使原子粒子携带的电荷是电子电荷的几百倍，最靠近的距离也必定小于 10^{-13} 米。这确实是非常小的距离了，大约是金原子大小的 1/1000（见第 3 章描述的由金密度所估计的值）。显然，α粒子大角度散射的原因，并非它遇到了像原子大小的物体，而是遇到在原子内非常小的粒子。

我已经描述了一个α粒子和一个假定的带正电荷的原子粒子迎面相撞，但是α粒子在遇到一个带负电荷粒子时也可以朝后偏转。如果我们假设α粒子沿着恰好打不着带负电粒子的方向发射，在电吸引力的作用下，α粒子将沿着一个狭窄的双曲线轨道绕过这个原子粒子，而且沿着与α粒子射出的方向几乎相同的方向，返回到无穷远处，正好像一颗彗星与太阳靠近却不被束缚于太阳系一样。在这种情况下，与遭遇带正电原子粒子的情形相比较，α粒子会在离带负电原子粒子更靠近的地方折回。

在原则上，一个带负电的原子粒子能使α粒子产生大角度偏转，但尽管如此，卢瑟福仍然十分确信：他们观察到的大角度偏转并非由于遇到了电子。电子太轻了，在与α粒子相遇时不可能对α粒子的运动产生很大的影响。就像一个弹子球碰到另一个弹子球，这个弹子球可能发生很大的偏转，但是如果它与一个静止的乒乓球相撞，只要乒乓球没有粘在球桌上，这个弹子球的运动就不会受大的影响。

利用物理学中一个重要的守恒定律——动量守恒定律（law of conservation of momentum），就可以更加定量地得到上述结果。任何粒子的动量都定义为其质量与其速度之积，所以，粒子动量的变化率就等于其质量乘以它的加速度（速度的变化率）。根据牛顿第二运动定律，这正好是作用在粒子上的力。动量是矢量，像力、速度和加速度（而不像能量和电荷）一样，因而可以用三个方向（如北、东和上）的分量来描述它。我们知道，牛顿第三运动定律指出，一个粒子对另一个粒子的作用力与第二个粒子对第一个粒子的作用力大小相等，方向相反。所以，动量的变化率也一定是相同的。这样，在很短的时间间隔里，任一粒子动量的任何分量的增加，一定会被另一个粒子在那个方向上动量分量的减少所平衡，从而使动量的每一个分量的总值保持不变。

如何把动量守恒定律应用于一个α粒子迎面撞上一个静止的荷电原子粒子，然后直接向后弹回去（或者沿着原来的方向继续运动）这样一个简单的情况呢？在这种情况下我们只需考虑动量在一个方向（即α粒子初始运动方向）的分量。于是，在碰撞中只有两个条件必须满足：动量这一分量的守恒，还有能量必须守恒。在α粒子的初速度给定的情形下，还有两个未知量：α粒子的末速度和受撞击原子粒子的反冲速度。由于共有两个条件和两个未知量，因此我们可以得到唯一的解，从而使我们得知在碰撞中发生了什么（参见本书附录 J）。这个解表明，只有当α粒子的质量小于原子粒子的质量时，α粒子才会往回弹；当α粒子的质量大于原子粒子的质量时，α粒子将继续向前运动。这是因为在α粒子反弹回去和继续前进这两种情况的分界点上，α粒子必须正好是静止的，它所有的动量和能量全部传给了被撞的原子粒子。动量和动能由不同的公式给出，一个是质量乘以速度，一个是质量乘以速度平方的一半，所以，在碰撞以后α粒子恰好受阻而静止的情况下，α粒子初始的动量和动能要等于原子粒子最终的动量和动能，所以两个粒子的质量以及α粒子的初速度必须与原子粒子的末速度分别相等。盖革和马斯登已经从金箔上观察到直接反弹回来的α粒子，所以卢瑟福可以得出结论：α粒子必然撞上了至少质量与它自身差不多的粒子，电子质量大约仅为α粒子的1/8000，所以它不可能是产生大角度散射的原子粒子。

根据我们现在对原子本质的了解，对α粒子大角度散射问题，我有点"啰嗦"。如我前面讲过的，这些散射必然是因为α粒子撞到的带电原子粒子在尺寸上比原子小得多，而质量至少与一个α粒子质量一样；我们还知道，原子里必须有一些正电荷，以抵消电子的负电荷，从而保证原子电中性，而且原子里一定有某些比电子重得多的东西才能解释原子质量。最后，原子内部必定大部分是虚空的空间，正如勒纳的观察表明的：阴极射线能在气体中穿行很大的距离。于是卢瑟福设想原子内有一个小的核心（即原子核），原子核拥有原子的绝大部分质量，而且携带正电荷，以吸引负电子并使负电子始终在绕原子核的轨道上转动。除了这种设想，还有什么猜想能比这更顺理成章、自然而然的呢？

以上综合起来的设想，会导致人们得到一个完全错误的印象，以为卢瑟福解释大角度散射的实验结果多么轻而易举。其实，很多错误的设想一定被他猜测过。也许α粒子不是被单个原子或亚原子粒子散射的，而是与金箔相当大一部分相互作用的结果；也许α粒子是被原子中的电子所散射，而且碰巧该电子以极大的速度迎面向α粒子呼啸飞去；也许产生散射的力与电的吸引力或排斥力无关；也许原子内的动量和能量并不守恒；等等。我们对卢瑟福可能短暂考虑过而又否定了的种种猜想，完全不了解。（科学家通常尽量不发表被证明是不恰当的想法。）我们能够确切知道的是，卢瑟福在1911年已经集中精力研究如下的想法：原子是由体积很小、质量很大而且带正电荷的原子核以及绕核旋转的轨道电子（orbiting electron）共同组成。盖革在回忆中说，1911年初，"有一天，卢瑟福显然是兴高采烈地来到我的房间，并且告诉我，他现在知道原子像什么了以及如何解释α粒子的大角度偏转"。[5] 卢瑟福已经牢固地建立了原子核的概念。

1911年3月7日，卢瑟福在曼彻斯特文学和哲学学会（Manchester Literary and Philosophical Society）宣读的一篇论文中，宣布了他上述的结论。[6] 非常凑巧而令人愉快的是，19世纪初道尔顿在同一讲坛上报告了他关于原子量研究的结果。卢瑟福的这次演讲，只有一份摘要保存下来，但在1911年后期，他向《哲学杂志》递交了一篇很长的论文《α粒子和β粒子被物质散射与原子的结构》，其中详细阐述了他的这一研究成果。[7] 卢瑟福这项成果的重要性，不仅仅在于他得到了一个正确的思想——原子由一个小的、很重的、带正电的核和核外电子组成，而且还在于他找到了验证这种想法的方法。

　　自1911年以来，卢瑟福所用的分析方法，在原子、原子核和基本粒子结构的研究中已经被重复了无数次。假定我们想检验有关原子性质的某些假说，比如像卢瑟福的关于带正电的、很小的、被一群电子围绕的原子核的假设，利用这一假说再加上牛顿力学，我们就可以计算一个α粒子轰击原子的双曲线轨道，这十分像天文学家计算彗星穿过太阳系的双曲线轨道的方法。[1] 当然，我们不能进入原子观察它们，不过一件很有趣的事是我们可以测量散射角，即α粒子从无穷远入射原子核的初始方向，与撞上原子后退向无穷远的方向之间的夹角。但遗憾的是，这个散射角并非固定不变，它取决于α粒子接近原子时走的路线。一种比较方便的做法是用"碰撞参量"（impact parameter）来表示这种关系。所谓碰撞参量，就是假设α粒子不被原子核偏转时，它离原子核中心的最小距离。例如，一个α粒子以 2.09×10^7 米/秒的速度逼近一个带有 Z 个电荷的核，如果碰撞参量为 1.5×10^{-16} 米，则可以计算出散射角为90°。（这样计算的公式可参见本书附录J。顺便说一句，一个像90°这样的大散射角的碰撞参量，与我们前面计算的迎面相

120

1. 参见第160页的脚注。

撞的最接近距离属同一个能量级，这并非巧合。在这两种情况中，α粒子都非常接近核，以至于它的大部分初始动能都被用来克服静电排斥力做的功上，这是产生大偏转的一个必要条件。)

我们如何能够利用这种计算结果来分析实验的数据呢？α粒子毕竟不是瞄准特定的原子，而只是盲目地射向包含许多不可见原子的金箔。卢瑟福的回答是：这种分析只能是统计的分析，不能依靠测量已知碰撞参量的单个α粒子在碰撞后的散射角，而是要依靠测量许多α粒子在随机参量碰撞的情形下，偶然近距离地通过这个或那个原子时散射角的分布。

例如，设想我们要测量被散射到至少大于一个给定的角度，比如说1°，90°，179°或任一角度的α粒子占所有α粒子的比例。为了做到这一点，碰撞参量必须小于某个数量。上面的例子中，想使α粒子的散射角至少为90°，那么碰撞参量就必须小于$1.5 \times Z \times 10^{-16}$米。为了计算α粒子大于某一给定角度的散射比例，可以把每个原子核看成是一个面对着入射α粒子的小圆盘，只有那些偶然击中这些圆盘之一的α粒子才能散射到大于规定的角度上，所以这个圆盘的半径就是这种散射的最大碰撞参量。于是，α粒子被散射到大于某一给定角度的比例，简单地等于这些圆盘在金箔面积中所占的比例；换句话说，这个比例等于每个圆盘的面积乘以单位面积上原子的平均数目。

利用熟悉的圆面积公式，每个圆盘的面积是：π乘以大于某给定角度散射的最大碰撞参量的平方。这个面积取决于我们感兴趣的散射角度。显然，这并非任何真实圆盘的实际面积，但却是测定各种散射角度概率的一个基本量，因此被称为原子的有效截面（*effective cross section*）。现代物理学的一大部分就包含这种截面的测量。

121　　例如，我们已经看到，在盖革、马斯登的实验中，计算出至少散射 90° 的 α 粒子的最大碰撞参量是 $1.5 \times Z \times 10^{-16}$ 米，其中 Z 是以电子电荷为单位的原子核电荷。因此，有效截面是：

$$\pi \times \left(1.5 \times Z \times 10^{-16} \text{米}\right)^2 = 7 \times Z^2 \times 10^{-32} \text{米}^2$$

另外，每平方米金箔原子的数目可按如下方法计算：先测量每平方米金箔的质量，再除以一个金原子的质量。金箔每平方米的质量是金的密度 1.93×10^4 千克/米^3 乘以金箔的厚度 4×10^{-7} 米，一个金原子的质量是金的原子质量 197 乘以单个原子量的质量 1.7×10^{-27} 克，这就得到：

$$\frac{\left(1.93 \times 10^4 \text{千克/米}^3\right) \times \left(4 \times 10^{-7} \text{米}\right)}{197 \times \left(1.7 \times 10^{-27} \text{克}\right)} = 2.3 \times 10^{22} \text{个原子/米}^2$$

所以，在 1 平方米金箔中，我们虚构出来的小圆盘所占的面积是：原子数目 2.3×10^{22} 乘以每个小圆盘的面积 $7 \times Z^2 \times 10^{-32}$ 米^2，即 $1.6 \times 10^{-9} Z^2$ 米^2。所以，α 粒子碰巧射中虚构小圆盘，并散射到大于 90° 角的概率是 $1.6 \times 10^{-9} Z^2$（这个概率远小于 1，表明我们可以忽略这些小圆盘重叠的可能性）。盖革和马斯登测量这个概率大约是 1/20000，即 5×10^{-5}。与上述结果做一比较，可以得出金原子的核电荷 Z 应当近似为：

$$Z \approx \sqrt{\frac{5 \times 10^{-5}}{1.6 \times 10^{-9}}} = 180$$

这不是一个很精确的值；现在我们知道，金原子核的电荷为79个电子电量。然而，盖革和马斯登在1909年的实验中并没有把精确测量散射概率当作目的，所以出现这个误差并不奇怪。卢瑟福在他1911年的文章中，实际上使用的是盖革和马斯登根据α粒子小角度散射得到的比较精确的数据：在一个案例中得到金原子核的电荷值Z为97，在另一案例中为114。卢瑟福还使用了克劳瑟（J. A. Crowther）用β射线散射的数据测定其他一些元素的Z值。表4-1给出了卢瑟福的结果与现代值的比较。我不明白为什么卢瑟福得到的Z值都偏高，但这些Z值至少在数量级上都是对的，而且如人们预期的那样，核电荷随着相对原子质量的增大而增大。

表4-1 　　　　　　　　　　卢瑟福计算的原子序数

元素	相对原子质量	以电子电荷为单位的核电荷数 Z	
		卢瑟福的结果	现在确定的值
铝	27	22	13
铜	63	42	29
银	108	78	47
铂	194	138	78

与核电荷粗略测量相比较，重要得多的是验证了卢瑟福的基本假设，即散射是由小而重的带电原子核引起的。卢瑟福已经计算了碰撞参量（它相应于给定角度的散射），把它平方后乘以π就给出了那 [122]

个角度或更大角度散射的有效截面。[1] 例如，按照卢瑟福的公式，大于135°角散射的有效截面，比大于90°角散射的有效截面小（相差一个0.00196的因子）。正如我们已经知道的，α粒子沿各个角度散射的比例，正好是由这种截面与单位金箔面积的原子数目的积给出的。从1911年开始，盖革和马斯登开始仔细测量沿各种角度散射的α粒子的比例；1913年他们在报道中指出，他们的实验结果与卢瑟福的理论公式符合得很好。[8] 这样，卢瑟福的关于原子核由电子环绕的假设，就毫无疑问地被证明是完全正确的。

　　在卢瑟福时期以后，又有许多实验继续测量有效截面，其中有一个实验非常重要，这个实验令人惊讶地想起盖革和马斯登在曼彻斯特完成的实验。1968年，斯坦福线性加速中心（Stanford Linear Accelerator Center，SLAC）的一个小组，用一束高能电子探入质子的内部。令人惊诧的是，有相当大一部分高能电子作大角度散射。正如盖革–马斯登实验的情形一样，大角度散射的观测再综合动量守恒定律，使我们得到结论：抛射体——在这种情形下是高能电子而不是α粒子——撞上了在靶粒子内的某些小而重的东西。人们相信，用这种方法在质子内部发现的小而重的粒子是夸克（quark）。

123

---

1. 卢瑟福十分幸运，他得到了碰撞参量与散射角之间关系的正确答案。一般来讲，这样的计算应当用量子力学的方法来完成；对有关核物理学里有代表性的能量和质量来说，量子力学得到的结果与卢瑟福得到的结果有很大的不同。在卢瑟福的方法中，是使用经典牛顿力学的规则来计算散射粒子的轨道。碰巧的是恰好有一种情况，量子力学和经典力学方法能给出某些散射问题同样精确的答案，即力随距离平方的增加而减小这一情况。这当然正是卢瑟福感兴趣的情况。如果汤姆孙的"葡萄干布丁"的原子模型是对的，那么像卢瑟福做的经典计算，就会得到错误的截面，那就只能等到量子力学成立后才能正确解释盖革、马斯登的实验结果。

原子序数和放射性系列

原子核的发现立即产生了一个极为重要的结果。在卢瑟福宣布这一发现的论文发表几个月以后，他在剑桥大学访问期间遇见了尼尔斯·玻尔（图4-8），一年后，玻尔去曼彻斯特拜访了卢瑟福。玻尔抓住了两个重要的问题，一是解释绕核旋转的轨道电子的动力学问题，二是解释电子从一个轨道跃迁（transition）到另一个轨道时发射和吸收光的问题。玻尔的理论建立在量子理论的思想上，这超出了本书的范围。就我们目前要解决的问题来说，有一点十分重要：玻尔推导出了一个公式，这个公式借助原子核的电荷以及其他一些已知量，给出了一个电子进入原子最内层轨道之一时，发射光（通常是X射线）的波长。因此，可以用这些X射线的波长，来测定卢瑟福原子假设中一个关键的未知量——原子核的电荷。

图4-8 尼尔斯·玻尔（1910年）

正在这时，曼彻斯特大学的一位年轻物理学家莫斯莱（H.G. J. Moseley，1887—1915，图4-9），正在学习如何利用晶体代替衍射光 124

栅（diffraction gratings），使X射线产生与波长有关的偏转，以便高精度地测量X射线的波长。玻尔1913年的论文[9]发表后不久，莫斯莱开始测量一系列中等相对原子质量元素的核电荷，这些元素发射波长范围适宜的X射线。他的结果发表于1913年，[10]现列在表4-2中。

表4-2　　　　　　　　　　　莫斯莱测量的原子序数

元素	核电荷 （以电子电荷为单位）	相对原子质量
钙	20.00	40.09
钪	（没有测量）	44.1
钛	21.99	48.1
钒	22.96	51.06
铬	23.98	52.0
锰	24.99	54.93
铁	25.99	55.85
钴	27.00	58.97
镍	28.04	58.68
铜	29.01	63.57
锌	30.01	65.37

　　表4-2有几个极为突出的特点。首先，核电荷是电子电荷的整数倍20，22，23，…，30，只有电子电荷的百分之零点几的误差（这可以解释为实验误差）。这一点并不令人惊讶，因为当初正是为了抵消原子所包含的整数个电子的电荷，而使原子整体上成为电中性的。而且，核电荷以电子电荷整数倍出现这一事实，大大坚定了莫斯莱对自己的测量和玻尔理论的信心。

图4-9　莫斯莱在鲍利奥尔–三一学院实验室

　　但出乎意料的是，从一种元素到相邻的下一个相对原子质量更大的元素，核电荷仅增加一个单位。（钴是一个小小的例外，今天可以这样解释这个例外：相邻两个元素——铁和镍的原子核结合得特别紧密。）事实上，正如莫斯莱指出的，这种模式不仅仅限于他直接研究过的一些元素。如果所有的化学元素，从氢开始按相对原子质量增加的顺序列出来：氢、氦、锂等，如本书附录K中附表K-3中所列出来的，那么钙是其中第20号，钛是22号，一直排到30号元素的锌，几乎与莫斯莱测量的核电荷数相对应。于是，除了少数的例外，当元素按相对原子质量的大小排列时，元素列在表中位置的序数，正好等于以电子电荷为单位的核电荷数目，这个数目现在称为原子序数（ *atomic number* ）。显然，不管什么粒子给了原子核正电荷，这种粒子越多原子就越重。

　　现在，只要看看按相对原子质量增加顺序排列的元素表，就能确定任何元素的核电荷，并推出原子中电子的数目。例如，金是由最小原子质量算起的第79个元素，所以它的核里必然有79个电子电荷单位的正电荷，为了抵消该正电荷，金原子还必然有79个电子。更重要的是，人们认识到地球上这种特定元素的集合，并非无限多种元素的随机抽样，相反，这种集合基本上包括了地球上所有可能存在的元素（除了那些比铀还重的元素以外，它们的半衰期很短，不能存活到今天）。元素很像知名滑稽演员在宴会上说的笑话，演员只需要说出笑话的号码就能引起听众大笑，而化学家只需要给出原子序数（1、26或79），就能够使人想到氢、铁或金的所有性质。虽然在莫斯莱那个时代，核电荷表中还有4个空位，但现在这些空缺的元素都被发现了，因此空缺也填满了。正如卢瑟福的长久合作者索迪所说："可以说，莫斯莱逐一点了元素的名，使得我们第一次可以确切地说出第一个和最后一个元素之间的所有可能的元素数目以及仍待发现的元素数目。"

在第一次世界大战中，几百万人悲惨地死去，物理学界最沉痛的是莫斯莱的牺牲。在战争爆发时，正在澳大利亚参加英国科学促进会的会议的莫斯莱立即赶回英国应征入伍。他加入了皇家工程兵（Royal Engineers），任通讯军官。1915年8月，在加利波里（Gallipoli）战役中，他在苏弗拉海湾（Suvla Bay）登陆时阵亡。

卢瑟福和莫斯莱的研究，后来不断结出硕果。1911年索迪就曾指出，当一个原子发射一个α粒子时，这个元素的原子在按相对原子质量排列的表中下降两个位置。此外，索迪、法詹斯（K. Fajans）和罗舍尔（A. S. Russell）（都曾经是卢瑟福的同事）各自在1913年指出，当一个原子发射一个β粒子时，就会在表中上升一个位置。这种"位移定律"（displacement laws）现在可以用莫斯莱发现的原子序数和核电荷之间的关系十分简洁地给出解释。α粒子携带两个电子电荷单位的正电荷（注意，氦是元素表中的第二号元素），所以，当一个原子核发射一个α粒子时，它总是失去两个单位正电荷。同样，β粒子是电子，它们自然而然地带一个电子电荷单位的负电荷，所以当一个原子核发射一个β粒子时，它的正电荷必然增加一个单位。α粒子的相对原子质量是4，而β粒子的相对原子质量可以忽略不计，所以，因发射一个α粒子得到的同位素其相对原子质量比原来的同位素小4个单位；而发射一个β粒子产生的同位素，其相对原子质量则与原来的同位素相同。[127-128]所以这些似乎是显而易见的，但是在1913年，人们知道原子核才仅有两年的历史，这两条位移定律就已经可以被用来证明原子核是α粒子和β粒子放射性的发生地。

位移定律使得复杂的放射性衰变系列变得容易理解了，而卢瑟福和索迪在麦克吉尔大学曾经花费很大精力和克服许多困难才制定出来。现在让我们看一下，如何用这两条定律来解释钍（Th）系的衰变。天然钍主要由长寿同位素 ^{232}Th 构成，而钍的原子序数是 90（也就是说，它的原子质量大约是氢原子质量的 232 倍，核电荷为 90 个电子电荷单位）。据观测，它发射一个 α 粒子（半衰期是 1.41×10^{10} 年）后，衰变产物的相对原子质量必然是 232 − 4 = 228，而原子序数变为 90 − 2 = 88。我们知道，88 是镭（Ra）的原子序数，所以我们的结论是 ^{232}Th 衰变为 ^{228}Ra。然后，^{228}Ra 又放射一个 β 粒子（半衰期为 5.77 年），从而变成相对原子质量相同而原子序数为 88 + 1 = 89 的原子。这是元素锕（Ac）的相对原子质量，所以我们看到 ^{228}Ra 衰变成 ^{228}Ac。下一步，^{228}Ac 又发生一次 β 衰变（半衰期是 6.13 小时），于是原子序数重新回到 90（钍的原子序数），但现在是钍的较轻的同位素 ^{228}Th。再下去，^{228}Th 发射一个 α 粒子（半衰期是 1.913 年），转变成 ^{224}Ra，这就是卢瑟福的"钍 X"。正如我们现在知道的，这实际上是天然钍的第四代。随后，^{224}Ra 发射一个 α 粒子，转变为 ^{220}Rn（氡），其原子序数为 88 − 2 = 86，这是卢瑟福的"钍射气"。再经过 3 次 α 衰变和 2 次 β 衰变，最终变成铅（Pb）最普通的同位素 ^{208}Pb，并最终失去了它的放射性。完整的钍和铀的系列在图 4-10 中表示。下一节，我们将考虑为什么重原子核会经历这样连续复杂的粒子发射。

既然我们谈到原子序数，谈到它总是一个整数，那么现在正好让我们回到相对原子质量问题上，并且问一问：为什么相对原子质量不同样是一个整数，不恰好是质子（或质子加中子）的数目？1905 年，阿尔伯特·爱因斯坦（Albert Einstein，1879 — 1955）在两篇物理学

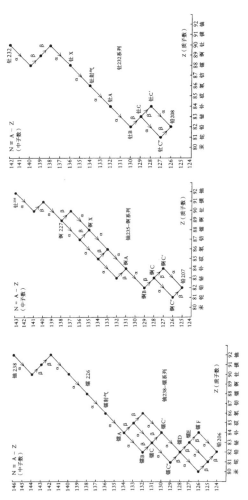

图4-10 三个主要的放射系列。这三个图指出三个系列的各种原子核经α衰变和β衰变产生的各种原子核；这三个系列的起始元素是 ^{238}U、^{235}U和^{232}Th，它们是地球上发现的三个寿命极长的放射性同位素。横轴和纵轴分别是原子序数以及相应原子质量与原子序数之差。α衰变由从右上方向左下方的箭头表示（也可以等价地说，纵轴代表中子数，横轴代表原子序数）。α衰变由从右上方向左下方指向下方的箭头表示，β衰变由左上方向右下方指向下方的箭头表示。某些原子核被标出了核物理学早期历史给予它们的名称，例如"镭A"是钋218，"钍A"是钋216，"锕A"是钋215。由核系列所所取的路径，标明了内能最小的原子核的"稳定谷"（stable valley）的一般走向

史上最重要的论文[111]中提供了答案。第一篇论文爱因斯坦提出了狭义相对论（Special Theory of Relativity），文中对空间和时间提出了新的见解，这超出了本书的范围。第二篇论文则把狭义相对论应用于运动物体的发光现象。爱因斯坦发现，运动物体释放的能量大于它静止时释放的能量，大出的数值正比于其速度的平方。爱因斯坦的解释是，光的发射不仅减少物体内部储存的能量——正如静止物体发光的情形，而且由于物体质量的减少而使其动能减少（因为动能正比于速度的平方和运动物体的质量）。一般的结论是，内能的增加或减少，总是伴随着相应质量的改变，这种改变由下式给出：

$$质量的变化 = \frac{内部能量的变化}{(光速)^2}$$

这是著名公式 $E=mc^2$ 的最初形式。

光速（2.9979×10^8 米/秒）在普通单位中是一个很大的数，所以对日常的大多数过程来说，质量的变化小得无法测量。例如前面已经讲过的，燃烧1千克天然气释放大约 5×10^7 焦耳的热量。在热量散失以后，将发现燃烧的产物比1千克少了：

$$\frac{5 \times 10^7 焦}{(3 \times 10^8 米/秒)^2} = 5.5 \times 10^{-10} 千克$$

这比一粒灰尘的质量还小。爱因斯坦知道放射性过程要释放很大的能量，因此他猜测"用那些所含能量高度可变的物体（比如用镭盐）来验证这个理论，不是不可能的"。

爱因斯坦是对的，但是直到汤姆孙和阿斯顿开始分离不同的同位素，并精确测量它们的相对原子质量时，才能够进行这种检验。我们现在知道，正如爱因斯坦预言的，内能确实对质量有贡献。例如，最普遍的铀同位素^{238}U的α粒子放射过程中，每个原子核释放的能量大约是6.838×10^{-13}焦耳，大多数成为α粒子的动能。按爱因斯坦的公式，当衰变产物静止下来以后，衰变产物的质量比^{238}U的质量小，减小的数值是：

$$\frac{6.838 \times 10^{-13}\text{焦}}{(2.9979 \times 10^{8}\text{米/秒})^{2}} = 7.608 \times 10^{-30}\text{千克}$$

一个单位的相对原子质量相当于1.66×10^{-27}千克[1]，所以我们也可以说，衰变产物的相对原子质量将比^{238}U的相对原子质量小

$$\frac{7.608 \times 10^{-30}\text{千克}}{1.66 \times 10^{-27}\text{千克/原子质量单位}} = 0.0046\text{原子质量单位}$$

为了检验这一点，要注意^{238}U的相对原子质量是238.0508，而它衰变为1个相对原子质量为4.0026的α粒子和一个相对原子质量为234.0436的^{234}Th，因此损失的质量是 [130]

$$238.0508 - 4.0026 - 234.0436 = 0.0046$$

这与爱因斯坦公式预期的值完全一致。

---

1. 这就是一个amu（原子质量单位）。

我们现在知道，一种元素的相原子质量并不正好就是其原子核中所含的核粒子数，还接收来自核的内能的贡献。因此，不能希望相对原子质量是一个精确的整数。相对原子质量不是整数的另一个原因是，原子核是由两种质量不同的粒子按不同比例构成。最初以为这两种粒子是质子和电子，到20世纪30年代中期以后才知道这两种粒子是质子和中子。质子和中子的质量差事实上并不重要，除了最轻的一些原子核以外，相对原子质量与整数的偏离大部分可归因于它们的内能，而不在于它们组分的质量差异。

我们可以把推理的思路反过来：从各种同位素的原子质量，我们可以判断在放射性衰变或其他反应中，有多少能量可以释放出来。阅读像表3-4列出的相对原子质量，我们就可以看到，最轻元素的相对原子质量比最接近的整数略大一点（氢是1.00793，氦是4.0026），碳按定义是12，到中等质量的原子核，其相对原子质量小于最接近的整数（氧是15.99491，氯是34.96885，铁是55.9349，等等）；随后，较重元素的相对原子质量又上升到整数上面一点（镭是226.0254，钍是232.0382，等等）。因此，我们得到的结论是，对中等原子质量的元素来说，其核粒子的内能最低；而对轻的和重的元素来说，其核粒子的内能较大。（为什么是这样，下一节会讨论的。）因此，中等原子质量的核，其普通同位素都没有放射性，因为它们没有多余的内能要释放；而轻原子核的普通同位素没有放射性，因为它们可能衰变成更轻的核，有更多过剩的内能。与此相反，大原子质量的原子核比它们可能衰变成的轻核，有很多过剩的内能，所以它们在放射性过程中可以而且的确释放出了这一能量。

中子

发现原子核以后的30年里，物理学家一般以为所有元素的原子核都由氢核（后来称为质子）和电子所构成。氦的相对原子质量是4，原子序数是2，所以它的核（α粒子）被设想由4个质子和2个电子构成，这样，核电荷就是4-2=2（个）电子单位。类似地，像氧那样的原子核的相对原子质量是16，原子序数是8，就设想它由16个质子和8个电子构成，尽管人们曾普遍认为氧原子核可能由4个α粒子聚集一起。如此可以一直类推下去，一直到最重的原子核，例如铀，它的相 131 对原子质量是238，原子序数是92，因而设想它由238个质子和238-92=146（个）电子组成。

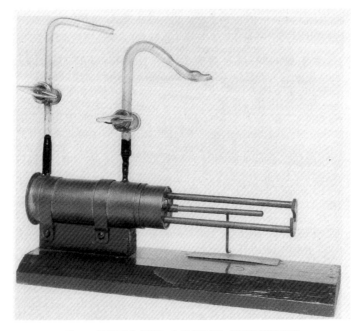

图4-11 卢瑟福的核分裂室，在核分裂室里α粒子引起轻核分裂

　　为了知道原子核究竟由什么构成，就必须打碎它，看看由此会产生什么。这样的核的分裂实验，最早是由卢瑟福在 1917 年实现的（图 4-11），那时他还在曼彻斯特大学。据说，有一天卢瑟福出席战时研究委员会（War Research Committee）的会议时迟到了，他解释说："我一直在做一些实验，它们暗示可以用人工方法分裂原子核。如果这是真的，那就远比一场战争重要得多！"[12]

　　在早一些时候，卢瑟福注意到涂有 α 粒子发射体镭 C 的金属源，它发射的粒子能使硫化锌荧光屏上闪光，但金属源离屏的距离却超过了 α 粒子在空气中穿行的距离。在磁场中研究这一现象后，卢瑟福得出的结论是：引起荧光屏闪光的粒子是氢的原子核，现在称之为质子。然而，当时他并不知道这些质子是偶然出现于金属源上的氢原子又恰好被 α 粒子碰撞，成为氢的反冲核，还是从比氢重的元素中打出来的。为了研究这一现象，他把一个镭 C 源放入一个被抽成真空的金属盒里，盒上有一个小孔，用一块很薄的银箔封严。这个银箔允许 α 粒子通过并可以打到硫化锌荧光屏上，而且还可以防止空气进入盒里。卢瑟福在银箔和荧光屏之间放置各种不同的金属箔，并在盒里充以不同的气体，在这种种不同的情形下，观察荧光屏闪烁的变化。在大多数情况下，闪烁率与金属箔或气体的阻挡力成比例地减小。然而，当金属盒里注入干燥空气后，闪烁率急剧上升！用组成空气的所有成分 —— 氧、氮等 —— 重复这一实验时，卢瑟福明白了：闪烁效应是由于从镭 C 源发射的 α 粒子与空气中的氮原子核相互碰撞所致。

　　卢瑟福发现的过程是氮核的分裂，在这一过程里一个 α 粒子打入氮原子核，并击出一个质子。在这之前的长时间里没发现这一现象，原因非常简单：在带正电的α粒子和一个像带有79个电子单位正电荷的金核之间，静电排斥力太强，α粒子不能靠近原子核。正如前面见过的，一个具有典型速度的α粒子即使迎面撞上原子序数为79的金原子核，也只能接近到 $3 \times 79 \times 10^{-15} = 237 \times 10^{-15}$（米）外（今天我们知道，金原子核的半径大约是 8×10^{-15} 米）。另一方面，氮只有7个电子单位的正电荷，所以镭C发射的能量特别高的α粒子至少能靠近核，偶尔还能打中一个外层的质子。1911年，卢瑟福在一篇论文中报道了这一结果，他的结论是：

> 从迄今得到的结果看来，将肯定得到如下的结论：α粒子与氮原子碰撞后产生的长程原子不会是氮原子，很可能是氢原子，或相对原子质量为2的原子。如果确实如此，我们的结论是氮原子在与高速α粒子近距离碰撞时，产生的强烈的力会使氮原子分裂，被释放出来的氢原子是氮原子核的一个成分……从整体上来说，这一结果表明，如果具有类似能量的α粒子——或类似的粒子——在实践中可以利用，我们或许可以期望打碎许多较轻原子的核结构。[13]

遗憾的是，发现从氮核击出的质子以及早就熟悉的作为β射线由原子核发射电子的现象，只不过有助于证实一般的观点：原子核由质子和电子构成。1920年，在向皇家学会做的第二次贝克里安著名演讲中，卢瑟福像一位预言家似的预测了几种新的原子核，但他把它们都想象成由质子和电子构成。[14] 卢瑟福猜测的一个假想核是"中子"，其相对原子质量是1，电荷为0。但是他仍然将中子描绘为1个质子和1个电子的复合物（composite）。当时任何人都不清楚为什么一个原子中有些电子被束缚在核里，而另一些却在核外大得多的轨道上旋转，而且，是哪一种力能在原子核内各粒子间极短的距离上起作用，没有人提出任何想法。

中性核粒子是詹姆斯·查德威克（James Chadwick, 1891—

图4-12 詹姆斯·查德威克

1974，图4-12）在1932年发现的，那时他在卡文迪许实验室做研究。他是卢瑟福在曼彻斯特大学工作时的一个学生，1917—1918年卢瑟福发现氮分裂后，他就与卢瑟福一起工作，研究铝、磷和氟之类轻元素的分裂。到1932年，查德威克在物理学界早已成为名人，是英国皇家学会的会员，并作为卢瑟福的副手管理卡文迪许实验室，并继续进行自己的研究。

1932年，伊伦娜和弗雷德里克·约里奥-居里（Irène and Frédéric Joliot-Curie）的惊人发现[15]引起了查德威克的注意。几年前，博特（W. Bothe）和贝克尔（H. Becker）就已经发现，从放射性元素钋发射出的快速α粒子轰击铍和其他轻元素时，铍和其他轻元素发射出高穿透性的辐射，比原先卢瑟福研究过的原子分裂出的质子的穿透力大得多。起初以为这些射线是电磁辐射，像光、X射线或γ射线一样。后来约里奥-居里夫妇观测时发现，当铍发射的射线向着富氢物质（hydrogen-rich substance，如石蜡）射去时，能够从这些物质中打出质子。这件事本身可能并不那么惊人，但接下去的研究就让人惊诧了。约里奥-居里夫妇想在磁场中偏转这些质子时，发现它们的速度快得惊人。他们计算的结果是，如果铍发出的射线真是电磁波，那么铍核释放出的能量，必须比产生这些射线的α粒子携带的能量大10倍。约里奥-居里夫妇甚至因此怀疑在这些过程中是否违背了能量守恒定律。

查德威克于是开始研究铍射线，让它们射向除石蜡之外的其他物质。他很快发现，除了氢以外，其他核与铍射线碰撞时，有反冲出现，[134]但反冲速度比氢的小得多。反冲速度遵循的规律是：速度大小随反冲原子核的原子质量的增加而减小。如果铍射线不是电磁辐射而是质量与质子质量相近的粒子，那就很容易解释反冲速度的规律。正如α粒子和核碰撞一样，在轻核与给定质量和给定速度的铍射线粒子迎面碰撞时，有两个未知量：铍射线粒子的末速度和被碰撞核的反冲速度。在碰撞过程中也有两个制约条件：能量守恒和动量守恒，因此有可能解出两个未知的速度（参见本书附录 J）。特别是人们发现，被撞核的反冲速度由下式给出：

$$\begin{pmatrix}被撞核的\\反冲速度\end{pmatrix} = 2 \times \begin{pmatrix}铍射线粒子\\的初速度\end{pmatrix} \times \frac{\begin{pmatrix}铍射线粒子相\\对原子质量\end{pmatrix}}{核的相对原子质量 + \begin{pmatrix}铍射线粒子的\\相对原子质量\end{pmatrix}}$$

铍射线粒子的初速度是不知道的，但是，如果用两种不同的核与铍射线粒子碰撞后，可以计算两个核的反冲速度比，就可以消去初速度，即可解出铍射线粒子的相对原子质量。例如，查德威克使用菲瑟（Norman Feather）的数据观察到，引起氢原子核（相对原子质量为 1）以 3.3×10^7 米/秒反冲的铍射线粒子，也可以使氮核（相对原子质量为 14）以 4.7×10^6 米/秒的速度反冲。对于初速度和相对原子质量都确定的这种射线粒子，根据上面公式得到的被撞核反冲速度比，正好反比于射线粒子和被撞原子核的相对原子质量之和，因而得到：

$$\frac{3.3 \times 10^7}{4.7 \times 10^6} = \frac{14 + 射线粒子的相对原子质量}{1 + 射线粒子的相对原子质量}$$

解此方程即可得到，铍受到一个高能α粒子碰撞后，发射的射线粒子的相对原子质量是 1.16。因为，将 1.16 代入上式后，等式右边的值为 15.16/2.16＝7.02,而这恰好是等式左边的值。遗憾的是，这里的速度值的精度不高于10%，所以查德威克的结论仅仅是这种铍射线粒子的质量，它非常接近氢核（即质子）的质量。

　　铍射线的另一个性质一开始就很清楚：它们的巨大穿透力意味着它们是电中性的。（带电粒子在原子内会受到电场的偏转，所以电中性的γ射线的穿透力比α射线和β射线高得多。）这样，从铍射线粒子的原子质量和电中性这两点看来，α粒子轰击铍后产生的粒子，似乎就是卢瑟福1920年在贝克里安演讲中猜测的中性复合物，由一个质子和一个电子构成。查德威克在卡皮查俱乐部报告了这个研究结果，这个俱乐部是一个非正式物理学家团体，是由俄国物理学家卡皮查在卡文迪许实验室建立的。几天以后，查德威克在《自然》杂志（1932年2月27日）上公布了这一发现。同年稍晚一些时候，他在《皇家学会会刊》（ proceedings of the Royal Society ）[16] 上更完整地对他的研究结果做了阐述。在后一个报道中，查德威克称这种粒子为中子，以后就一直采用这个名称（图4-13为查德威克的中子室）。

　　对查德威克来说，中子就像卢瑟福认为的那样，只不过是一个质子和一个电子的复合物，而不是一个基本粒子。后来利用从硼而不是铍发射的中子，精确地测定了中子质量，这种观点似乎得到了支持。因为这一测量似乎表明，中子的质量比质子和电子的质量和稍微小一点。如果中子真是这样的一种复合物，这个测量结果就正好符合爱因斯坦质能关系（relation between energy and mass）。即复合系统的内能，或者说其质量，必须小于它组成成分的内能或质量，否则该复合 137 系统分解为它的组成成分时就会释放能量，这样的复合系统将是不稳定的。

图4-13　查德威克的中子室

　　在查德威克1932年的文章中，他并没有推测中子在核结构中的作用。这个问题立即被德国物理学家维纳·海森伯（Werner

Heisenberg，1901—1976）解决了。[1] 海森伯早在1925—1926年就是量子力学（quantum mechanics）著名的先驱之一。在1932年《物理杂志》（*Zeitschrift für Physik*）上的系列论文中，[17] 海森伯提出原子核由质子和中子构成，而且它们之间靠交换电子而维系在一起。这就是说，一个中子放出它的电子变成一个质子；随后这个电子被另一个质子获得，变成一个中子。在这个过程中，在相互交换电荷时，也相互交换了能量和动量，从而产生了一个所谓的交换力（*exchange force*）。然而，因为海森伯仍然认为中子是一个质子和电子的复合物，所以原子核最终仍然被视为由质子和电子构成的。

对原子核的这种观点，早就有矛盾出现，而且这种矛盾的来源令人惊奇。1929年，沃尔特·海特勒（Walter Heitler，1904—1981）和格哈德·赫兹伯格（Gerhard Herzberg，1904—）曾经指出，双原子分子，如氧分子（O_2）和氮分子（N_2）的光谱，强烈地依赖于它们的原子核含有偶数个还是奇数个基本粒子，当时认为基本粒子就只是质子和电子。分子像原子一样，只能占据某些特定的能态，当在这些能级间跃迁而发射或吸收光时，就产生分子光谱。在由两个完全相同的核构成的分子中，而且每个核含偶数个基本粒子的分子中，有一半分子能级不会出现，而这一半在非全同核的分子能级中，通常是存在的。如果核是全同的，但每个核包含奇数个基本粒子，那么分子能级的另一半不出现。在这样的规则下，人们发现氧原子核含有偶数个粒子。这

---

1. 当时，除了海森伯以外，还有一些物理学家也开始考虑原子核由质子和中子构成的想法。在"核物理回顾"讨论会上，塞格雷（Emilio Segrè）提到这些物理学家中有苏联的 D. 伊凡宁柯和 I. E. 塔姆，意大利的 E. 马约拉纳。马约拉纳在光辉而又短暂的几年后神秘地消失了。塞格雷回忆说，当他和马约拉纳一起听到约里奥－居里夫妇发现铍的穿透性辐射，产生了快速反冲质子的消息时，马约拉纳惊叫说："啊，瞧这些白痴，他们发现了中性的质子，而他们竟然没有认出来。"

并不会令人惊讶。氧相对原子质量为 16，原子序数为 8，那么氧核应该由 16 个质子和 16 − 8 = 8（个）电子构成，粒子总数为 16 + 8 = 24，是一个偶数。但令人惊诧的是海特勒和赫兹伯格在拉赛蒂（F. Rasetti）的测量基础上发现，按分子光谱可以认为氮核也应该含有偶数个粒子，但氮的相对原子质量是 14，原子序数是 7，如果核仅由质子和电子构成，那么氮核有 14 个质子和 14 − 7 = 7（个）电子，粒子总数是 14 + 7 = 21 —— 这是一个奇数，和 N_2 的分子光谱相矛盾。

解决的办法是假设中子也是一种基本粒子，像质子和电子一样。如果假定原子核由质子和中子构成，那么，由于中子的质量与质子的质量大致相同，则相对原子质量（取最接近的整数）就等于中子加质子的总数，而原子序数正好等于质子数，因为质子是原子核中唯一的带电粒子。这样，质子和中子的数目由下列规则给出：

质子数=原子序数

中子数 = 相对原子质量−原子序数

这样，质子数和中子数的和就是相对原子质量。于是，^{16}O 核里包含 8 个质子和 8 个中子，整个粒子数是 16，仍然是一个偶数；而 ^{14}N 有 7 个质子和 7 个中子，整个粒子数是 7 + 7 = 14，也是一个偶数，与分子光谱的结果一致。

查德威克熟悉这条思路，但似乎没有认真对待它。在他的 1932 年论文的结尾处，他评论说："当然，可以假设中子是一个基本粒子。这种观点除了可以解释像 ^{14}N 这样的核的统计性质以外，目前还没有什么可取之处。"[查德威克在这句话中用了统计（*statistics*）这个词，是因为含有奇数或偶数个基本粒子的核之间的区别，确定了大量这些核的行为，而这种行为是由统计力学（statistical mechanics）来描述的。]除了查德威克和其他一些人似乎厌恶引进新的基本粒子以外，我不明白这些人为什么这样不重视分子光谱显示出的矛盾。这种厌恶的情绪是如此的强烈，使得物理学家宁愿放弃已经建立的物理定律，而不愿意去考虑一种新粒子。在本节一开始，我们就见到过这样的一个例子，约里奥－居里夫妇在解释铍射线时，他们宁可放弃能量守恒定律，而不愿意假定一个新的大质量中性粒子。（他们不熟悉卢瑟福在1920年提出的被束缚在一起的电子－质子对。）我们在下一章研究中微子（neutrino）和正电子（positron）的时候，还将看到另外两个同样性质的例子。

中子究竟在什么时候被普遍接受、成为一个被完全认可的基本粒子，很难准确界定。这种转变的一个重要原因，是精确测定了中子 139 的质量。利用γ射线将 ^{2}H核（氘核，deuteron）分裂成一个质子和一个中子，查德威克和哥德哈伯（Maurice Goldhaber, 1911 —）在1934年测出中子的质量稍大于质子加电子的质量。如果把中子看作质子－电子复合物，这个结果显然不是所预期的。（现在已经知道，中子的质量比质子的大0.138％，比质子和电子的质量和大0.083％。）也许 140 最有影响的实验是1936年在美国完成的一个实验，在这一实验中默尔·图夫（Merle A. Tuve, 1901 — 1982）、海登伯格（N. Heydenberg）和霍夫斯塔特（L. R. Hafstad）研究了质子对质子的散射（图4-14和图4-15）。[18] 按海森伯的想法，质子和中子通过交换电子而彼此施加作用力，但质子并不含有电子，所以质子和质子间除了很弱的电斥

图 4-14　质子-质子散射实验所用的百万伏特的范德格拉夫加速器（Van de Graaff accelerator）。从左至右是：达尔（O. Dahl）、布朗（C. F. Brown）、霍夫斯塔特（L. R. Hafstad）和图夫（M. A. Tuve）。摄于1935年

力以外，应该再没有其他力相互作用。但是，图夫、海登伯格和霍夫斯塔特却发现，质子在一个氢（质子）的靶上发生强烈的散射，这表

图4-15 在百万伏特的范德格拉夫加速器下面的实验室。质子束来自位于椭球顶部的离子源,通过加速器的长玻璃管(从图4-14可以看到)受到加速,经过天花板进入这间实验室,然后被一电磁铁偏转,以除去非质子粒子,最后终止于海登伯格(照片的正中)正在盯着的小散射室

明两个质子之间的作用力与质子和中子之间的相互作用恰好一样强大。格里戈里·布赖特(Gregory Breit)和尤金·芬柏格(Eugene Feenberg)在一篇合写的文章中提出,核力与电荷无关:核力对质子和中子的作用就好像它们是孪生兄弟一样。[19] [在同一期《物理评论》(*Physics Review*)中,卡森(B. Cassen)和康登(E. U. Condon)也提出了类似的想法。]从此以后,不可能再有人认为中子不如质子那样基本了。

如果中子不是由质子和电子构成,而且原子核里如果再没有电子,那么又如何解释在β射线中核发射电子的这一事实呢? 1933年解决了这个疑难问题。发现中子的第二年,罗马的恩里科·费米(Enrico

Fermi, 1901 — 1954)提出了β放射性的新理论,[20] 使问题得到解决。
(让人痛心的是,费米的这篇论文第一次投给《自然》杂志时被退回去
了。)在费米的这一理论中,β放射性中发射电子恰如受激原子发射光
一样——在原子发射前,原子里既没有电子也没有光——但是,发
射β粒子不是由于电磁力,而是由于一种全新的作用,现在称之为弱
相互作用(weak interaction)。伽莫夫曾经用一个俏皮的比喻说,β射
线犹如肥皂泡:电子在发射之前并不存在于原子核中,犹如肥皂泡在
吹出来以前并不存在于吹管里一样。

查德威克发现中子、费米的β放射性理论以及考克罗夫特、瓦尔
顿和劳伦斯(D. E. Lawrence)的加速器,开创了核物理学的新纪元。
此后对原子核进行的大多数研究,都超出了本书的讨论范围。但是,
看看1933年以后,物理学家们在确定α和β放射性衰变模式中,如何
利用卢瑟福和索迪早在麦克吉尔大学就用过的实验方法,可能是很有
意思的。

如果想利用质子数和中子数分别为纵、横坐标,绘制一个所有元
素的同位素图,并且设想在这个图上绘出等高线,用以标示每个核粒
子的核能值。从轻核开始,我们将看到一个很深的谷,从左下角到右
上角的对角线方向上横穿这个图(图4-16)。在谷的底部,是质子数
和中子数相等的原子核,比如 ^{4}He,^{6}Li,^{8}Be,^{10}B,^{12}C,^{14}N,^{16}O,等等。由于一
些复杂的原因,核力使这些核结合得特别紧密,因此它们的能量特别
低。在深谷富含中子的一侧,其核能高于中子数等于质子数的原子核
的核能,因此,一个中子转变为质子时就会释放能量。如果有足够的
能量用于产生一个电子,以平衡这个电荷,就会发生跃迁,原子核就

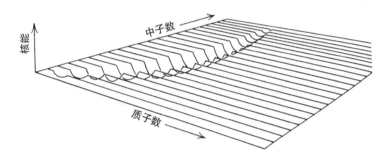

图4-16 以原子核中的质子数和中子数为坐标，画出的核能示意图。在图中可以看到结合紧密的核的"稳定谷"（stable valley）

会产生β放射性。例如，众所周知的碳同位素 ^{14}C（8个中子和6个质子）是在地球大气中由宇宙射线产生的，它富含中子，因此它放射出一个电子，重新变为最常见的氮同位素 ^{14}N（7个中子，7个质子）。中子本身则通过β衰变成为一个质子，其半衰期约为15分钟。但是，直到 [142] 1948年才观察到这一现象。在远离稳定谷而处于富含质子那一侧的核，也会产生一种β衰变，在第5章我们会再讨论这个问题。

沿着稳定谷朝向较重的元素，我们会看到谷的深度稳定地增加，这是因为随着质子和中子数的增加，核力引起的相互作用增强。因此，如果轻元素的原子核聚合而形成较重的原子核，将释放出能量，像太阳这样的恒星，其能量就来源于这种聚合反应。但是，对含有约20个质子以上的原子核来说，一个新的因素出现了。在轻核中，质子间的电斥力比中子和质子间很强的核力要弱得多，但对较大的核而言，电斥力增大的速度比核力增大的速度快得多。当核中的质子多于20个的时候，这点就变得重要了。由此产生了两个效应：稳定谷的谷底又开始上升；稳定谷开始偏向富含中子的那一侧，因为是质子的电荷使得核能增大。尽管稳定谷的谷底在不断上升，但这种上升十分缓慢，因此对于原子质量中等的元素，当其原子质量增加4个单位时，能量的增加还不足以使较重的核通过放射一个α粒子而衰变成较轻的元素核。到了比铅重的元素，谷底升高比较急剧，因此较重的核有足够能量通过放射一个α粒子而甩掉多余的电荷，衰变成较轻的元素。然而，α粒子的放射并没有改变中子比质子过剩的状况（α粒子含2个质子和2个中子），因此，当一个重核因放射一个α粒子而变成一个较轻的核时，对较重的核来说新核中子过剩是不言而喻的。随着相对原子质量的增大，核能的谷稳定地偏向更大的中子过剩的一侧，所以α衰变所产生的核明显地在谷的富含中子的一侧。在再一次α粒子衰变后，留下的核将更加富含中子。最后，经过足够次数的α衰变后（有时仅需一次），留下的核将远离深谷，以至于有足够的能量产生一个电子，于是β衰变发生了，使核重新回到谷底。所以，这种模式是一系列被β衰变所隔开的α衰变，α衰变把核顺着稳定谷向下一直变到铅核，然后又在某种程度上使核偏离稳定谷到富含中子的一侧，而β衰变则使核回到谷底附近。这种模式在图4-10的三个放射性系列图中明显可见。

我们现在回到下面的问题上，即在放射性过程中释放的能量，先前是怎样进入核中的。人们相信，宇宙开始于一个"大爆炸"（big bang），此后，由自由质子和中子构成的炽热气体迅速冷却，并在最初3分钟结束时，它们聚合成氢和氦。氢核的每个核粒子具有的能量比氦核的核粒子高得多，而氦核的核粒子能量又比中等原子质量的核高得多。于是，当恒星形成时，氢核聚变为氦核，氦核又聚变为中等原子质量的核，在这一聚变过程中释放的大量能量，足以维持恒星发光几十亿年。恒星物质最终演变为铁附近的元素，它们的原子核中每个核粒子具有的能量最低。于是，再没有能量可以释放了，恒星开始变冷。恒星通常化为一堆灰烬（一种黑矮星——black dwarf）而结束生命。然而，有时它会变得不稳定，在万有引力作用下，开始向内塌缩，然后可能爆炸成为天文学家所说的超新星（super-nova）。在这种爆炸过程中，恒星内部释放出强大的中子流（flux of neutrons），这些中子撞上恒星外层的中等原子质量的核，迅速把它们变为较重的核，直到铀元素为止。恒星爆炸时把外层物质抛向空间，成为星际物质的一部分。晚一代的恒星如太阳，最终就是由这些星际物质组成。按照这一假设，天然放射性元素如钍和铀，它们的能量是恒星爆炸时释放的中子带来的，而且最终可以追溯到万有引力，因为是万有引力为恒星爆炸提供了能量。

最近一些年来，中子得到了不吉祥的实际应用。中子不带电，所以它们不受原子核附近的强电场的影响，而这种电场会排斥α粒子和其他核。因而，正如卢瑟福在1920年贝克里安演讲中曾指出的，中子甚至应该很容易穿进重的原子核，引起核的分裂。1938年，奥托·哈恩（Otto Hahn，1879—1968）和弗里茨·斯特拉斯曼 [144]（Fritz Strassmann，1902—1980）发现，中子可以引起重核裂变（fission）。[21] 每次裂变能够产生1个以上的中子，使核的链式反应（chain reaction）成为可能。还不清楚的是，我们能不能学会与这个发现共存。

¹⁴⁵ # 第 5 章
其他基本粒子

　　基本粒子的内容绝不仅仅只是限于构成普通原子的电子、质子和中子等基本粒子的。20世纪后半期，我亲眼目睹了许多新型基本粒子的发现，这一章将叙述这些发现。我们将看到，这些发现不仅丰富了基本粒子的名单，而且在一个粒子怎么才是基本的问题上，出现了革命性飞跃。

光子

　　1905年是一个奇迹年。这年，阿尔伯特·爱因斯坦在提出狭义相对论的同时，又提出了在一定的情形下光可以视为粒子，后来这种粒子被称为光子（photon）。1914—1916年密立根做的光电效应实验，1922—1923年阿瑟·霍利·康普顿（Arthur Holly Compton，1892—1962）做的X射线电子散射实验，从实验上证实了光子的存在；其后又有其他各种不同的现象进一步支持光子的真实性。光子质量为零，不带电荷，而且总是以光速运动，所以它不能包含在原子里。但是光子又确实有能量和动量，因此，按照广义相对论（General Theory of Relativity）理论，光在引力场里可以弯曲转向。1919年，人们在日食时观测一颗遥远的恒星发出的光经过太阳到达地球时，第一次证实了光线的弯曲。

　　如果像电场和磁场这样的场的能量和动量，能够被会聚成一小束像光子这样的粒子，那么，我们会自然而然地猜想，其他粒子如电子，也可以视为别的一些场的能量和动量会聚成的小束。海森伯、泡利、费米和其他一些人，在20世纪20—30年代提出了一个数学理论，即众所周知的量子场论（*quantum field theory*），这个理论把所有的粒子都描述为场的能量和动量的小束，并把这种小束称为量子（*quanta*）。现代理论中如大家熟知的标准模型（Standard Model），就是一个量子场理论，它正确地描述了所有已知的基本粒子和作用于它们的力（引力除外）。[146]

中微子

　　1914年查德威克在观察中发现，在β衰变中，放射性原子核发射出的电子，并不像α粒子或γ射线那样以确定的动能出现，而是具有连续的能量谱，其能量范围从零一直到该原子核的最大特征值。这个发现令人十分惊讶，因为物理学家原来预期电子的能量，应该等于β射线发射前后原子核能量之差，因此对特定的元素放射性来说，这个能量应该是一个固定的数值。当时有人认为，这个能量可能被电子和一种未查出的γ射线分别获得。如果真是这样，那么释放出的总能量就应该等于β电子的最大能量值，即在那些被γ射线带走的能量可以忽略不计的情形下，等于β衰变中β电子的能量。但是1927年埃利斯（C. D. Ellis）和伍斯特（W. A. Wooster）在测量β放射性原子核镭 E（^{210}Bi）产生的总热量时，发现每个原子核发射的能量并不等于β电子的最大能量，而是等于β电子的平均能量。当这个结果在1930年被迈特纳（L. Meitner）和奥尔斯曼（W. Orthmann）证实以后，一个危机就很明显地出现了。就连尼尔斯·玻尔这样著名的学者，也开始怀疑在β放射性过程中能量是不是还遵循守恒定律。待正确答案出现以后，人们发现这个答案其实很平常，一点也不激进。1930年，沃尔夫冈·泡利（Wolfgang Pauli，1900—1958）在给他的朋友的一些信中[1]提出，在β衰变中除了发射电子以外，还发射了另一种粒子，它与电子分享了可资用的能量；而且，这个粒子（虽然是电中性的）不是γ射线，但穿透力却非常的强，以至于在埃利斯和伍斯特的实验中它的能量不会转化为热。1932年中子被发现以后，泡利假设的粒子被称为中微子（ _neutrino_ ），或"小的中性粒子"（little neutral one）。

1933年，费米把中微子纳入他的β衰变理论之中，其基本过程是原子核内（或外）的中子，自发地转变为一个质子、一个电子和一个中微子。[严格地说，在这种β衰变过程中发射的额外粒子，是后来称为反中微子（antineutrion）的粒子。关于反粒子后面还会讨论的。] 费米理论中预言的电子能量分布，与实验的观察做了比较之后使人们确信：中微子的质量一定非常的小，远远小于电子的质量。1999年的测量表明，中微子质量的上限大约是10^{-5}电子质量。现在知道，有3种不同的中微子，至少有一种中微子的质量至少为10^{-8}电子质量。

费米的理论还使人们可以计算出在物质中吸收中微子的截面。由于基本的相互作用如此之弱，这个截面非常小，以至于在β衰变过程

1. 这些信中的一封是写给参加国际放射性会议的朋友们，信的开头写道："亲爱的放射性女士们和先生们……"

中产生的典型中微子，要在铅中穿行几光年以后才能被吸收，所以，它们在埃利斯－伍斯特实验中对测量的热能没有贡献，是一点也不奇怪的。想探测中微子极为困难，不过，在核反应堆里可以发射极大数量的中微子（通过核裂变的富中子产物的β衰变）。1955年，在小克莱德·科万（Clyde L. Cowan, Jr.）和弗雷德里克·莱因斯（Frederick Reines）在萨凡纳河的反应堆（Savannah River reactor）里，终于找到了中微子。今天，在大型加速器中实现粒子衰变的过程中，可以得到大量中微子，因此人们在理论和实验两个方面，都可以对中微子之间的相互作用进行广泛的研究。中微子的相互作用非常微弱，以至于在普通物质中无法捕捉，但在下面的情形中可以观测到：从太阳发射的中微子；在宇宙射线与地球大气原子的碰撞过程中产生的中微子；也可以在超新星爆发时观察产生的中微子，例如1987年在大麦哲伦星云（Large Magellanic Cloud，距地球约15万光年）中一颗恒星巨大的爆炸。另外，人们相信（虽然还没有观察到），大爆炸留下来的中微子[148]的数量与光子一样多，比质子和中子数多$10^9 \sim 10^{10}$倍。

正电子

20世纪20年代末，剑桥大学的理论物理学家狄拉克（Paul Adrien Maurice Dirac, 1902—1984）试图建立一个与狭义相对论一致的量子力学。在这个研究过程中，他得到一个惊人的结果：在他导出的用以描述单电子运动的方程中，出现了负能量的解。为了解释为什么所有电子不落入负能态，以至于原子发生灾难性的坍塌，他在1930年提出，负能态通常已经被填满，按泡利不相容原理（Pauli exclusion principle），它不能再接受另外的电子。泡利的原理告诉我们，外层电子不会落到内层低能的电子轨道上。也许有少数负能态是空的，没有被占据，在这些负能量的带负电粒子海洋中的空穴（holes），可以作为带正能量的正电粒子出现。当时的科学研究有一个普遍的准则是，提出一种新的粒子被视为不受欢迎的行为。在这种风气的影响下，狄拉克开始认为这些空穴就是质子。但是，赫尔曼·外尔（Hermann Weyl）指出，空穴和电子之间有一种对称性关系，因此狄拉克不得不承认：空穴的质量必须和电子的质量精确相同。意料不到的是，这一预言竟在1932年得到证实。这一年，美国实验物理学家卡尔·安德森（Carl Anderson，1905 — 1991）在观察宇宙射线粒子在磁场中的径迹时（见图5-1），发现有些径迹同电子的径迹的偏转程度十分一致，但偏转方向却相反。现在知道，这些粒子被称为正电子（positrons），其质量与电子质量精确相等但电荷相反。在现今的宇宙中，正电子已经十分罕见，因为它们只在宇宙射线和超新星这类剧烈的天体物理现象中产生，或者在富含质子的原子核里当一个质子转变成中子这种稀罕的 β 放射性中产生（图5-2为电子–正电子对的产生）。一个正电子和电子碰撞，可能彼此湮灭（annihilate，图5-3为第一个反质子湮灭的"星"）并迸发出一串辐射，这一辐射把它们的质量以能量形式带走。所以，从普通物质里永远找不到正电子。

其他反粒子

正电子被发现以后，人们最终才弄清楚了，每一种粒子都有与之相应的反粒子，它们的质量相同、电荷相反，并且有相似的守恒量（conserved quantities）。获得这个认识的一个决定因素是要证明，反粒子一般不能被认为是负能粒子海洋中的空穴。1934年，泡利和外斯

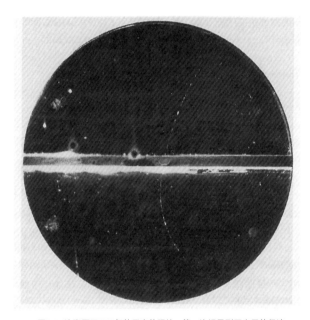

图5-1　这张摄于1931年的云室的照片，第一次记录到正电子的径迹

科夫（Victor F. Weisskopf）证明了即使不能形成稳定负能海洋的粒子，[150]
也有与之相应的反粒子。（但是，空穴理论仍然在许多物理学教科书
上徘徊，不肯离去。）正电子是电子的反粒子，反中微子是中微子的
反粒子，等等。在富含中子的原子核的β衰变中与电子一起发射出来
的是反中微子，在富含质子的原子核的β衰变中与正电子一起发射出 [151]
来的是中微子。1955年，欧文·张伯伦（Owen Chamberlain, 1920 —）、
埃米里·吉诺·赛格雷（Emilio Gino Segré, 1905 — 1989）与克莱
德·威甘德（Clyde Wiegand）和汤姆·伊西兰蒂斯（Tom Ypsilantis）
一起，在美国加利福尼亚大学伯克利分校的高能质子同步稳向加速器
（Bevatron accelerator in Berkeley，见图5-4）上，成功地产生出反质
子。如果反质子和反中子构成的反原子核被正电子云环绕，就构成了

图5-2 电子-正电子对的产生。从上面进来的高能 γ 射线被一个原子的电子散射，损失它的一部分能量后，产生一个高能反冲电子和一个电子-正电子对。因为这个云室放在强磁场里，所以电子和正电子的路径发生偏转弯曲，弯曲的方向显示了粒子的电荷符号相反

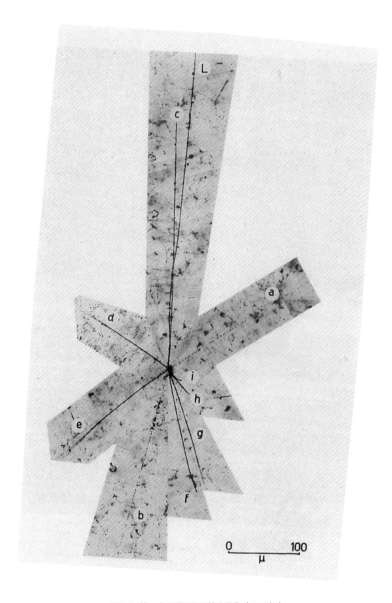

图5-3 第一个反质子湮灭的"星"（1955年）

反物质（antimatter）。在可见的宇宙范围里，似乎都没有数量大到可以观察的反物质。

图 5-4 加利福尼亚大学伯克利分校劳伦斯-伯克利实验室的高能质子同步稳向加速器（1955年）

μ子和π介子

自从认为核力是由于交换电子而产生的想法崩溃之后，这个问题仍然存在：核力是什么引起的？在核粒子碰撞时，交换的能量和动量能否由某种别的粒子携带？1935年，日本理论物理学家汤川秀树（Hidekei Yukawa，1907 — 1981）认识到，在任何力的作用范围与交换这个力的粒子质量之间，有一种简单的关系：有一个特征距离，超过这个距离，这种力迅速下降为零；而这个距离与引起这种力的粒子质量成反比。电磁作用中交换的粒子是光子，它的质量为零，所以电磁力的作用范围为无穷大；也就是说，不管距离有多远，电磁力都按照距离平方反比律减弱。交换电子时力的作用距离大约是 10^{-13} 米，如果电子交换真是核力的作用机制，那么这个距离就大致上等于原子核的大小。但事实上，原子核是这个尺度的几百分之一（如盖革－马斯登实验所表明的那样）。所以，这又是一个证据，否定核力的电子交换机制。汤川颇有勇气，他提出了一种新的粒子，其质量是电子质量的几百倍，由它的交换所产生的核力作用范围大约是 10^{-15} 米，这与观测到的核尺寸在数量级上相符。因为这个粒子的质量介于电子和质子之间，因此被称为介子（meson，取自希腊文 meso，即"中间的"意思）。

仅两年之后，即 1937 年，尼德迈耶（S. H. Neddermeyer）和卡尔·安德森，还有史蒂文森（C. E. Stevenson）和斯特里特（J. C. Street），在分别做的云室实验中，就从宇宙射线里找到了一种质量约 200 个电子质量的粒子。当时人们普遍认为，这种新发现的粒子就是汤川预言的介子。但是，1945 年，当意大利还在德国统治下时，三位意大利物理学家康维希（M. Conversi）、潘希尼（E. Pancini）和皮乔尼（O. Piccioni）进行的一个实验表明，在宇宙射线中占主要成分的这种介子，与中子和质子的相互作用很微弱——弱到根本无法提供核力。有人提出，实际上存在两种不同的介子，其质量稍有差异，上述疑难才得到解决。[美国的马沙克（R. E. Marshak）、贝特（H. A. Bethe）和日本的坂田（S. Sakata）、井上（T. Inoue）独立地提出上述建议，接着英国的拉特斯（C. M. G. Lattes）、奥恰里尼（C. P. S. Occhialini）和鲍威尔（C. F. Powell）从实验上证实了这一建议。] 现在，较重的一种称为 π 介子（pimeson 或 pion），较轻的一种称为 μ 子（muon）。π 介子与质子和中子相互作用很强，以汤川预期的方式对核力做贡献；μ 子则仅有弱的相互作用和电磁相互作用，与汤川理论没有任何关系。

π介子共有三种：一种带负电，质量是电子质量的273.1232倍；另一种是前一种的反粒子，带正电，质量完全相同；第三种是中性π介子，它是自身的反粒子，质量是电子质量的264.1129倍。这个三重态（triplet）构成了一个家族，其意义与质子和中子二重态构成一个家族一样，这种家族关系是质子与中子间核力的对称性所要求的。μ子有两种：一种带负电，质量为电子质量的206.7686倍，另一种是它的反粒子，带正电，质量完全相同。μ子和反μ子看起来就像是电子和正电子的超重的同胞兄弟，它们之间的差别明显地仅在于质量的不同。

153　　π介子和μ子都不稳定：带电的π介子衰变为μ子加反中微子，反π介子衰变为反μ子加中微子；并且平均寿命都是 2.603×10^{-8} 秒。中性π介子衰变为两个光子，平均寿命是 0.8×10^{-16} 秒。μ子和反μ子则分别衰变为电子或正电子加上一对中微子−反中微子对，平均寿命都是 2.19712×10^{-6} 秒。在海平面上，占宇宙射线主要成分的μ子大部分是由π介子衰变产生的，而这些π介子又是宇宙射线在高空与大气分子的原子核碰撞时产生的。

π介子、质子和中子属于强子（hadron）一类的粒子，因为它们都参与强的核相互作用。μ子、电子和中微子属于轻子（lepton）一类的粒子，它们不参与强相互作用，但参与相当均匀的弱相互作用（如β衰变）和电磁相互作用。另一个带电的轻子τ子，于20世纪70年代中期在斯坦福直线加速器中心发现。像μ子一样，τ子除了质量比电子大得多以外，它的行为与电子一样；τ子的质量是电子质量的3477.56倍。三种中微子与三种带电的轻子有关联，在创造或毁灭一个电子或一个μ子或τ子的过程中，会创造或毁灭一个类型与之分别相应的电

子型的或 μ 子型的或 τ 子型的反中微子（或中微子）。

就目前所知，μ 子和 π 介子间质量的相似性，在 20 世纪 30 — 40 年代造成如此之多的混乱，实质上是一种巧合。

W 粒子和 Z 粒子

带电的轻子 —— 电子、μ 子、τ 子以及中微子，都不会感受强力的作用（强力对质子、中子和其他强子发生作用），但它们都可以感受弱力的作用，并引起核的 β 衰变。它们之间的其他相似性是有相同的自旋，但这儿不能详细讲述。它们之间也有明显的差异：带电轻子的质量比中微子质量大很多，带电轻子可以感受电磁相互作用但中微子不能。在 20 世纪 60 年代，物理学家提出一个 "电弱"（electroweak）理论，这个理论认为在带电轻子和中微子之间的不相似性明显多于实际上的它们具有的不相似性：管辖它们场的方程式所反映的是，在带电轻子和它们的同胞兄弟 —— 对应的中微子之间，本来有很真实的对称性，但由于这些场与宇宙环境的相互作用，引起了一些明显的差异。如果真是这样的话，那么光子也应该有几位同胞兄弟。由于某些特殊原因，确实存在一个大质量带负电的粒子 W^- 和它的反粒子 W^+。在核的 β 衰变中，一个中子将转变一个质子，并发射一个 W^- 粒子，于是电荷就守恒了；接着，W^- 粒子转变成一个电子和一个反中微子。电弱理论最简单的说法是，这个家族应该还有第 4 个同胞兄弟：[154] 一个大质量电中性的 Z^0 粒子；它的场不像电磁场，它可以同时作用于中微子和带电轻子。1972 年，Z^0 粒子的非直接效应被发现，接着在 CERN（欧洲核子研究中心，总部位于日内瓦，部分设施在法国境内）于1983年发现了W粒子和Z粒子，它们的质量分别是电子质量的157400倍和178450倍，正好是电弱理论所预言的。

电弱理论至少还需要一种其他类型的粒子，那就是希格斯玻色子（Higgs boson）。理论认为，是遍及宇宙的场量子把它们的质量赋予了带电轻子和W粒子、Z粒子。我们期望希格斯玻色子能够在费米实验室的太瓦质子加速器（Tevatron at Fermilab）中被发现，或者由正在CERN建造的一个大加速器——大型强子对撞机（Large Hadron Collider）来发现。

奇异粒子

物理学家们在区别了π介子和μ子以后，可能希望稍稍休息一下喘口气，但是就在同一年，即1947年，又有更多的粒子被罗彻斯特（G. D. Rochester）和巴特勒（C. C. Butler）在宇宙射线中发现了。人们很快就发现这些粒子都是强子，因为它们参与强相互作用。但是它们的行为很奇特，因为它们总是成对地产生，不像π介子可以单个产生。如果要讨论所有不同类的奇异粒子（strang particles）的所有性质，将花费比前面讨论π介子多百倍的篇幅，因此在这里我只好略去不谈。

其他强子

在前面我所列举的粒子，都是在我们宇宙中普遍存在的粒子，或者至少是由宇宙射线大量产生的粒子。但是，到20世纪50年代，当大型加速器（如高能质子同步稳向加速器）和探测粒子的新装备（如气泡室）启用后，粒子的名单立即发生了急剧的变化。在这些加速器产生的高能质子的碰撞碎片中，人们发现了大量新的强子，我们用希腊字母 ρ、ω、η、φ、Δ、Λ、Ξ、Ω 等来标示 —— 粒子数如此之多，希腊字母甚至有不够用的危险。它们都不稳定，寿命极短，这就是为什么它们不存在于普通物质之中而必须由人工产生的原因。

粒子类型的不断繁殖使物理学家想到一个问题：到底什么是基本粒子？以前人们认为原子是不可分的，但在发现原子由电子、质子和中子构成以后，认识到原子不是基本的，但同时认为电子、质子和中子似乎是基本的，因为它们不由其他粒子构成。但是，一个粒子不由其他粒子构成到底是什么意思呢？我们说原子的一部分是电子，那是因为我们从原子上敲出了电子，例如，在 J. J. 汤姆孙的阴极射线管中加热阴极射线使原子碰撞时，就可以敲出电子。但用一个高能质子撞击一个质子时，我们产生的不仅仅是 π 介子，还有所有种类的新强子：ρ 介子、Δ 粒子等，但这并不意味着质子里就有所有这些粒子。当这些粒子衰变成诸如 π 介子、质子和中子之类的粒子时，这并不意味着这些粒子由衰变产物构成。这与一个放射性核的衰变一样，当这个放射性核衰变成另一个核和一个电子、一个中微子时，这并不意味原来的核里有电子和中微子。

对这个问题的一个反应是：放弃基本粒子的想法。20世纪50年代末，加利福尼亚大学伯克利分校的一个研究小组，提出一个被称为"核民主"（nuclear democracy）的原理，按照这个原理，任何强子都可以视为其他强子的复合粒子。但是，以这种想法为基础似乎不能建成一个可以计算截面或其他任何量的理论。

还有一种更加保守的意见认为，在基本粒子和复合粒子间的确有一种差别，但根据的是理论而不是观察：如果我们假定一个粒子由其他粒子构成，由此我们可以计算出它的性质，那么这个粒子就是复合粒子。例如我们假设氢原子是由一个质子和一个电子构成，我们就由计算得到了氢原子的特性。如果不能由计算得出其性质，那么这个粒子就是基本粒子。这种观点后来颇有成果。

夸克

不久之后，人们试图在大量强子中恢复某种简单性（或经济性）。在20世纪60年代早期，几位理论物理学家独立地提出，所有的强子都由几种类型的基本粒子——夸克（quark）和反夸克复合而成。最开始他们预期有3种类型的夸克：具有电荷2e/3的"上"夸克（up quark，这里的e代表电子的电荷）、具有电荷-e/3的"下"（down）和"奇异"（strange）夸克。质子由2个上夸克和1个下夸克构成，中子由2个下夸克和1个上夸克构成，而π介子由上夸克和（或）下夸克与反夸克构成。奇异粒子包含1个或多个奇异夸克，而不是上夸克或下夸克。后来人们发现强子含有3种类型的带有电荷的夸克：2e/3，-e/3和2e/3。最后一种称为"顶"夸克（top quark），是已知基本粒子中最重的，其质量是电子质量的34万倍。根据弱电理论，带正电荷的3种类型夸克中的每一个都有一个带负电荷的夸克与之配对，与带电轻子与中微子配对完全一样——在成对的粒子间，理论的方程式是对称的。

顶夸克的大质量实际上不值得惊讶。W粒子和Z粒子的质量可以用来定义基本粒子的自然质量的尺度，这样的话顶夸克只是这个质量的2倍。同样，中微子的小质量也不值得惊讶，因为在弱电理论的最简单形式下要求它们没有质量，它们的质量仅缘自于对理论的小小修正，修正的原因是过程发生在极高能量状态下。真正值得惊讶的是，除了顶夸克以外的所有夸克和所有带电轻子的质量比W粒子和Z粒子小很多很多。由此还可以想到，最让人感到神奇的是：在所有基本粒子中最神奇的是最轻的粒子（除了光子和中微子以外）——电子，是基本粒子中最先发现的。

关于夸克，有几个非直接的证据。质子和中子的行为，在很多方面的确像是由3个夸克构成。最有戏剧性的是，1968年SLAC（美国斯坦福大学直线加速中心）的实验证实，高能电子击中一个质子时，电子会以相对很大的角度偏转，这表明电子击中了质子内某种小的东西，这正如1911年盖革和马斯登在金原子对α粒子大角度散射的观察中，向卢瑟福证明了原子的质量集中在小小的核上。但是，没有一个人能观察到一个单独的夸克，无论在基本粒子间的高能反应中，还是在密立根法的油滴实验中，都观察不到。在后一实验中如果出现一个整数的1/3的电荷，将会很明显地显示出来。有好几年物理学家面临着一个谜：如果夸克是真实的，为什么没有人看见它的踪迹？

胶子

1973年，环绕着夸克的秘密才被弄清楚了，这是因为出现了量子色动力学（quantum chromodynamics，QCD）。像电弱理论一样，这是一个量子场论。在电弱理论中，产生电磁力和弱力的场量子是 W 粒子和 Z 粒子（代替了光子）；在量子色动力学里，场量子是8个胶子（gluon），是它们产生的强核力把夸克胶着在质子、中子和其他强子里。正如任何粒子与电磁场的相互作用由粒子的电荷控制一样，任何粒子与胶子场（gluon fields）的相互作用决定于另一个守恒量——富于幻想色彩的色（color），虽然这个量与真正的颜色毫无关系。6类夸克（上夸克、下夸克等）的每一种有3色，因此共有18种夸克。胶子也带有色，正是由它们的色才能区分出8个胶子。

胶子产生的力随着距离增加而增大，这与电弱力和引力恰好相反，后者的力随着距离的增加而减小。由此，我们把一个夸克（或反夸克、胶子）从另一个夸克（或反夸克、胶子）那儿拉得彼此分开，是根本不可能的。这些带色的粒子仅仅产生于色中性的复合粒子，如中子、质子或介子。基本粒子的观念由此扩展到包括像夸克和胶子这些粒子，它们永远不可能被直接观察到，而且它们的存在被认为仅仅因为理论包含了它们的活动。

研究还在继续。构成普通物质的基本粒子和它们的同胞兄弟——轻子、光子、W粒子、Z粒子、夸克和胶子——都能很好地被标准模型所描述，这个模型是电弱理论和量子色动力学的综合，但它也还不是最终的理论，不能给出最终的答案。只提一点，这个理论有太多的任意性。为什么恰好有这么多的夸克和轻子？为什么理论要遵循对称原理，从而得到只有1个W粒子（和它的反粒子）、1个Z粒子、1个光子和8个胶子？为什么所有的理论常数，如质量、电荷等，都具有它们已有的数值？标准模型的另一个限制是它没有包括引力，引力很难用量子场论来描述，它比其他一些力弱得太多。

在10多年里，理论物理学家尽力想得到一些或多或少是纯理论的思想，以此帮助我们得到更深入、更简单的理论，这些理论给我们的感觉似乎必须符合标准模型。这些理论涉及新的对称性、更高的维数以及用弦（string）代替点粒子（point particle）的数学方案。我认为这一研究将提供更多的智力资源，吸引我们在未来的几十年中利用这些资源去开拓。特别要指出的是，所谓的超弦（superstring）理论最终提供了一个数学框架，它能用量子力学的术语描述引力，就像描述其他场一样。但必须承认的是，所有这些辉煌的纯理论，还不能用精确的数字预言任何新的东西，更谈不上实验的验证，因而也不能让我们确信我们走在正确的路上。这就是为什么基本粒子物理学家如此看重新型粒子的发现，而这些粒子又只能在新的大型设施（如大型重子对撞机）中产生。 158

我现在回到卡文迪许实验室，谈谈关于标准模型和1973年斯科特系列讲座的一些事情。从20世纪30年代以来，物理学发生了巨大的改变，当然，卢瑟福不会再在那儿对来访的理论物理学家咆哮了，就像50年前在斯科特演讲时对待玻尔那样。目前的卡文迪许教授是布赖恩·皮帕德爵士（Sir Brian Pippard），他对理论物理学家十分友好。

　　卡文迪许实验室已经从自由学校巷（Free School Lane）搬到城外马丁莱路（Madingley Road）一座现代化建筑里，它的活动中心内容也发生了转移，从核物理转向了射电天文学、分子生物学和固体物理学。但我还是很高兴去那儿。我们物理学家总是努力做一些新事情，但我们又往往按照古老的传统去工作，而且我们有自己的圣地和英雄。卡文迪许实验室所代表的传统对我们来说，就像体现在剑桥河畔的那些可爱的古老学院对其他学科的后继者一样，永远激动人心。

　　我希望读者不要从本书对粒子物理学的介绍中得出结论，认为物理学的这一分支似乎已经蜕化为"蝴蝶"标本的采集，而这个蝴蝶又十分特别：寿命极短，以至于在自然界都无法找到，而必须在采集者的实验室里制造。我认为这种看法完全错了。一旦有关普通物质本性这个古老的问题，被电子、质子和中子的发现所解决时，问题就转移了。我们在实验和理论上研究基本粒子时所要解决的真正任务，不再是提出一个基本粒子表以及弄清这些粒子的性质。真正的任务是去理解蕴含在自然界的基本原理，这些原理指出自然界 —— 粒子、原子核、原子、岩石和恒星 —— 的行为准则。我们的全部经验表明，在当今，基本粒子的研究是掌握自然界基本规律最好的途径，也许是唯一的途径。

　　我也希望本书讲的故事不至于让人产生一种印象，以为物理学历史是由基本粒子、力以及其他特定现象的发现和研究所构成。我们沿着汤姆孙、贝克勒尔、卢瑟福、密立根和查德威克等人惊人的发现和测量的路线探讨时，可以看到各种思想的演变和我们对物理学原理的认识的拓宽。这两者是并行不悖、相辅相成的。虽然我不能在这里探究这一点，但电子的发现确实极大地促进了相对论和量子力学的发展，而近年来强力和弱力的研究，加深了我们对于对称性在自然界作用的[159]理解。虽然发现亚原子粒子不是20世纪物理学的全部内容，但的确是整个故事不可缺少的一部分。

当诗人威廉·布莱克（William Blake，1757 — 1827）需要用一行诗来概括所有的科学时，他写道："德谟克利特的原子，牛顿的光粒子。"从古希腊的德谟克利特和留基伯到布莱克时代，又到我们的时代，基本粒子的思想总是象征着最深奥的科学目的：用简单的语言理解自然界的复杂性。

160 附录

A　牛顿第二运动定律

在一般的单位制中，牛顿第二运动定律表述为：力正比于质量乘以加速度，即

$$F = kma \qquad (A.1)$$

式中 F 是作用在一个粒子上的力，a 是该力使粒子获得的加速度，m 是粒子的质量，k 是一个常数，其数值取决于 F、m 和 a 选用的单位制。一般原则是在选择力的单位时，使 $F=1$ 时，$m=1$ 的质量获得的 $a=1$。例如，1牛顿定义为：使1千克质量的物体获得1米/秒^{2}的加速度所需的力。在这种单位制中，牛顿第二运动定律取如下最常见的形式：

$$F = ma \qquad (A.2)$$

例如，按我们现在对电子的了解，我们可以估计在汤姆孙阴极射线的实验中，作用于电子上的力在数量级上大致为

$$F = 10^{-16} \text{牛}$$

而电子的质量大约是

$$m = 9 \times 10^{-31} \text{千克}$$

所以加速度大约是

$$a = F/m = 1.1 \times 10^{14} \text{米} / \text{秒}^2$$

以这样的加速度, 经过 10^{-6} 秒的时间, 电子的速度就会达到 $1.1 \times 10^8 \text{米} / \text{秒}$, 这已相当接近光速 ($3 \times 10^8 \text{米} / \text{秒}$)。但是, 汤姆孙的实验中电子受力的时间仅有 10^{-9} 秒, 因此电子的速度绝不会接近光速。

在这个例子中, 牛顿定律用来计算给定的力对给定质量的物体产生的加速度; 当然, 它也可以用来计算给定质量的物体产生给定加速度所需要的力。例如, 众所周知, 接近地球表面的物体以恒定的加速度 9.8 米/秒^{2}下落, 通常用 g 这个符号来表示这个加速度。这样, 质量为 m 的物体, 不管它是否自由下落, 作用在这个物体上的重力就是 [161]

$$F_\text{重} = mg \quad\quad\quad (A.3)$$

因此, 作用于一个电子上的重力是

$$9.1 \times 10^{-31} \text{（千克）} \times 9.8 \text{（米/秒}^2\text{）} \approx 9 \times 10^{-30} \text{（牛）}$$

与阴极射线管中电子所受到的电力和磁力相比，这个力是微不足道的。所以，在分析汤姆孙实验中的电子运动时，重力完全可以忽略不计。

B　阴极射线的电偏转和磁偏转

现在，我们来说明如何用牛顿第二运动定律计算汤姆孙实验中阴极射线的偏转以及怎样利用这一偏转测量的结果来计算射线粒子的质量、电荷比（质荷比）。

假定力 F 作用于阴极射线粒子，作用力的方向垂直于射线的运动方向，粒子将在这个方向上获得加速度，其数值为 $a=F/m$（m 是粒子的质量）。如果粒子的受力时间是 t，那么粒子将获得垂直于其初始运动方向的速度分量，其数值为

$$v_\perp = ta = tF/m \qquad (\text{B.1})$$

如果粒子在初始运动方向上的速度分量是 v，那么粒子将以这个速度通过长度为 l 的"偏转区"，在偏转区里粒子受力 F 的作用。由于速度是每单位时间里运动的距离，$v = l/t$，因此，粒子受到加速的时间为

$$t = l/v \qquad (\text{B.2})$$

把这个时间代入（B.1）中的 t，得到

$$v_\perp = Fl/mv \qquad\qquad (\text{B.3})$$

离开偏转区之后,射线粒子将穿过长度为 L 的"漂移区",这时的运动方向十分接近射线初始运动方向,而且在这个方向上的速度分量仍然是 v。利用与得到(B.2)同样的推理方法,在漂移区运动的时间是

$$T = L/v \qquad\qquad (\text{B.4})$$

在这一段时间里,射线粒子也在垂直于初始速度的方向上运动,其速度是 $v_\perp$。因此,当粒子到达漂移区终端时,偏离了初始方向,偏离的距离是

$$d = Tv_\perp \qquad\qquad (\text{B.5})$$

把(B.4)和(B.3)代入(B.5),得   162

$$d = \left(\frac{L}{v}\right) \times \left(\frac{Fl}{mv}\right)$$

即

$$d = \frac{FlL}{mv^2} \qquad\qquad (\text{B.6})$$

这就是第27页(边码,译注)的公式。

现在，我们考虑各特定的力。如果阴极射线粒子带有电荷 e，那么电场 E 作用于它的电场力是

$$F_{\text{电}} = eE \qquad (\text{B.7})$$

根据（B.6），此力使射线在管端产生的位移是

$$d_{\text{电}} = \frac{eElL}{mv^2} \qquad (\text{B.8})$$

磁场 B 作用在电荷为 e、速度为 v（垂直于磁场）的粒上的磁力，是 e、v 和 B 的连乘积。在汤姆孙的实验中，$v_{\perp}$ 比 v 小很多，所以在这种情形下

$$F_{\text{磁}} = evB \qquad (\text{B.9})$$

而且这个磁力的作用方向实际上垂直于射线运动的初始方向。根据（B.6），磁场力在玻璃管尾端使射线粒子发生的位移为

$$d_{\text{磁}} = \frac{eBlL}{mv} \qquad (\text{B.10})$$

应该注意的是，（B.9）中的因子 v 把（B.6）中分母的两个 v 因子消去了一个。

现在假定，对给定的 E、B、l 和 L，我们测出了 $d_{\text{电}}$ 和 $d_{\text{磁}}$，我们如何从中解出电子的质荷比呢？这儿要注意（B.10）与（B.8）之比为

$$\frac{d_{磁}}{d_{电}} = \frac{eBlL/(mv)}{eElL/(mv)^2} = \frac{Bv}{E}$$

换句话说，

$$v = \left(\frac{E}{B}\right)\left(\frac{d_{磁}}{d_{电}}\right) \qquad (B.11)$$

把此式代入（B.10），得到

$$d_{磁} = \frac{eBlL}{mEd_{磁}/(Bd_{电})} = \frac{eB^2lLd_{磁}}{mEd_{磁}}$$

解出 m/e，就可以得到

$$\frac{m}{e} = \frac{B^2lLd_{电}}{E\left(d_{磁}\right)^2} \qquad (B.12)$$

这是利用阴极射线偏转测量的结果，推导出射线粒子质荷比的 [163] 公式。

举个例子。看本书第2章表2-1的最后一行，这是汤姆孙1897年得到的数据的一部分。电场和磁场的值分别是

$$E = 1.0 \times 10^4 牛/库$$
$$B = 3.6 \times 10^{-4} 牛/（安·米）$$

被观测射线在玻璃管尾端的位移是

$$d_{电} = d_{磁} = 0.07 米$$

偏转区和漂移区的长度分别是

$$l = 0.05 米，L = 1.1 米$$

把这些数值代入（B.11），得到射线的初始速度

$$v = \frac{(1.0 \times 10^4) \times (0.07)}{(3.6 \times 10^{-4}) \times (0.07)} = 2.8 \times 10^7 米/秒$$

再把这些值代入（B.12），得到质荷比为

$$m/e = \frac{(3.6 \times 10^{-4})^2 \times (0.05) \times (1.1) \times (0.07)}{(1.0 \times 10^4) \times (0.07)^2}$$

$$= 1.0 \times 10^{-11} 千克/库$$

这就是表2-1最后两列数值的计算过程。

计算一下垂直于射线初始运动方向的速度分量，是很有趣味的。把（B.9）代入（B.3），我们发现磁场强度 B 使射线粒子产生的垂直速度分量是

$$v_\perp = eBl/m = Bl/(m/e)$$

将上面的 $B, l, m/e$ 的值代入，则

$$v_\perp = (3.6 \times 10^{-4}) \times (0.05) \div (1.0 \times 10^{-11})$$
$$= 1.8 \times 10^6 \text{米／秒}$$

这大约是最初的速度 2.8×10^7 米／秒的1/15。所以，正像我们在计算作用于射线粒子的磁力时假定的那样，射线粒子速度的大小和方向都仍然接近于其初始值。另外，还要注意 v 和 $v_\perp$ 都比光速小很多，所以，用牛顿力学来计算阴极射线粒子的运动是一个很好的近似，不必担心爱因斯坦狭义相对论对接近光速运动的粒子所要求的修正。

C 电场强度和电力线

库仑定律提出，相距 r 的两个带有电荷 q_1 和 q_2 的物体之间，相互作用的电场力大小 F 是

$$F = k_e q_1 q_2 / r^2 \qquad\qquad (\text{C.1})$$

式中 k_e 是一个常数，其数值取决于 F、q_1、q_2 和 r 采用的单位制。[164] 如果力用牛顿，电荷用库仑，距离用米，这个常数的值则为

$$k_e = 8.987 \times 10^9 \text{牛} \cdot \text{米}^2 / \text{库}^2 \qquad\qquad (\text{C.2})$$

电场力作用的方向沿着连接两物体的直线。我们可以认为，（C.1）给出的力是一个物体沿着离开另一个物体方向上的分量。这就是说，当 F 是正值时，表明的是相互作用的电场力是排斥力，两电荷符号相同的情形；当 F 是负值时，表明的是电场力是相互吸引的，两电荷符

号相异的情形。

　　用电场强度的概念表达（C.1）将十分方便。作用于空间任何一点的带电体上的力，当物体电荷为 q_1 时，电场力为

$$F = q_1 E \qquad （C.3）$$

　　式中的 E，是物体所在处的电场强度。这个方程是一个**矢量方程**，它对 F 和 E 的每一个分量都分别成立。也就是说，如果 q_1 是正的，F 的方向与 E 相同；如果 q_1 是负的，F 的方向与 E 相反。不管产生电场强度 E 的电荷的性质和分布是怎样的，公式（C.3）都成立。如果电场强度是由距离 q_1 为 r 处的带有电荷 q_2 的孤立物体产生的，对于这种特例，电场力由（C.1）给出，所以电场强度的值一定是

$$E = k_e q_2 / r^2 \qquad （C.4）$$

　　当 q_2 为正，则电场强度 E 的方向从物体2向外指向四周；当 q_2 为负，E 指向自身。如果电场是由几个不同的带电体产生，那么为了求得 E，就必须把所有各个带电体的贡献（逐个分量地）相加，而每一个带电体的贡献由（C.4）决定。

　　如果把电场用充满全部空间的电力线来描绘，会给我们带来许多方便。我们规定，任一点的电力线的方向与该点电场强度的方向一致，而穿过垂直于电力线方向的一个小面积的电力线数目，等于电场强度乘以该小面积的面积（如果该小面积上场强变化明显，则取电场强度

的平均值）。例如，由孤立带电体产生的电场，电力线由该物体向外指（是负电荷则向内指），所以电力线全都垂直地穿过以该物体为中心所画出的任何球面。对电荷为 q_2 的物体，穿过一半径为 r 的球面的电力线数目是电场强度（C.4）乘以球面积 $4\pi r^2$ 即

$$电力线数目 = \frac{k_e q_2}{r^2} \times 4\pi r^2 = 4\pi k_e q2 \tag{C.5}$$

应该注意的是，上式中球面半径 r 消掉了，所以穿过以 q_2 为圆心的任何球面的电力线数目都是一样的。因此我们可以断言，电力线既不会在真空中开始，也不会在真空中终结，只能在电荷上产生和消失：在正电荷 q_2 处产生 $4\pi k_e q_2$ 条电力线，而在负电荷 q_2 处消失 $4\pi k_e q_2$ 条电力线。

电力线图的用处在于，即使电场由很多孤立电荷产生，电力线的定量特性仍然保持不变。这就是说，电力线不会产生和终止于真空；[165] 有 $4\pi k_e q$ 条电力线离开带正电荷 q 的物体，一定有 $4\pi k_e q$ 条电力线汇集进入带负电 q 的物体。利用这一规则，我们可以很容易地计算出许多不同情况下的电场强度，而用库仑定律直接计算则会十分困难。

例如，如果我们处理的不是孤立电荷，而是以任意某种方式分布在球里面的电荷，我们唯一的条件是电荷的分布是球对称的 —— 沿着通过球心的任何方向看，电荷的分布相同。电荷球对称的分布告诉我们，电力线沿着径向向外（或向内），不可能有其他任何方向。离开这个球体的电力线数目一定是 $4\pi k_e Q$，Q 是球里的总电荷（如 Q 为负，则把"离开"改为"进入"）。因此，在球外距球心为 r 处的电场强度 E，

乘上这个距离画出的球面面积 $4\pi r^2$，必定等于电力线的数目，即

$$E \times 4\pi r^2 = 4\pi k_e Q$$

因此

$$E = \frac{k_e Q}{r^2} \tag{C.6}$$

看起来上面的推导好像是绕了一圈，重新推导出库仑定律，但是其中的差别应该注意到：（C.6）不仅仅对距离 r 处的点状带电体（*a charged point body*）产生的电场有效，而且对距离球心 r 处的有限体积上球对称分布的电荷所产生的电场也同样有效。

举一个我们更有兴趣的例子。两块金属板按彼此平行的方向水平放好，然后在两板上充以数量相等但符号相反的电荷，就像汤姆孙在阴极射线管里对射线粒子进行电偏转所用的两块金属板一样。假定电荷均匀地分布在金属板上（实际上正是这种情形，因为分布如果不均匀，将会形成一个电场，使电荷在板上运动，直到电荷分布均匀为止）；又假定，与两板之间的距离相比，板的面积非常大，因此我们可以在很好的近似程度上忽视板的边界效应，以至于把板看成是无限大的。这样，由这个带电系统的对称性可知，电力线垂直于两板的板面，而不会有其他方向。这是因为电力线是平行的，即不在两板之间开始或终止；并且，垂直通过一个给定水平面积的电力线数目，与该水平面放在两板之间什么地方没有关系，所以两板之间各处的电场强度都相同。根据同样的理由，在顶板上方（或底板下方）任何地方的电场

强度都相同，而且等于零。因为，在顶板上方与两板间距离相比足够远的地方，带相反电荷的两板所产生的电场强度一定彼此抵消。

要计算两板间的电场强度，我们只需回忆一下，如果两板每单位面积分别带 $+\sigma$ 和 $-\sigma$ 的电荷，那么就有数目为 $4\pi k_e\sigma$ 的电力线从单位面积离开顶板，它们全部进入两板之间的空间，因为顶板上方没有电场。两板之间的电场强度正好等于单位面积的电力线数目：

$$E = 4\pi k_e\sigma \qquad\qquad (C.7)$$

应用（C.4）也可以得到这个结果，这时需要计算上下两板每个 [166] 无穷小的面积元所产生的电场强度，然后用积分法把所有这些面积元的贡献加起来，逐个分量相加。但是，用电力线来解决这个问题就容易多了。

D　功和动能

我们在本节将利用牛顿第二运动定律推导加速粒子所做的功与粒子动能增加的关系。

假定一个质量为 m 的粒子被一恒力 F 加速，从 v_1 加速到 v_2，这个力所做的功 W 是该力与粒子运动距离 l 的乘积：

$$W = Fl \qquad\qquad (D.1)$$

但 l 是什么呢？粒子的速度稳定地从 v_1 增加到 v_2，所以它的平均速度是 v_1 和 v_2 的平均值：

$$\bar{v}_{\text{平均}} = \frac{1}{2}(v1 + v2) \qquad (\text{D.2})$$

运动的距离等于平均速度乘以粒子加速的时间 t：

$$l = \bar{v}_{\text{平均}}t = \frac{1}{2}(v_1 + v_2)t \qquad (\text{D.3})$$

但 t 又是多大呢？由牛顿第二运动定律可知，加速度是 $\dfrac{F}{m}$，而且加速度是速度变化量除以时间，因此得到

$$\frac{F}{m} = \frac{v_2 - v_1}{t}$$

即

$$t = \frac{m(v_2 - v_1)}{F} \qquad (\text{D.4})$$

把（D.3）代入（D.1），再把（D.4）代入，可得

$$W = F \times \frac{1}{2}(v1 + v2)t = F \times \frac{1}{2}(v1 + v2) \times \frac{m(v_2 - v_1)}{F}$$

力 F 可以消去，而且

$$(v_1 + v_2)(v_2 - v_1) = v_2^2 - v_1^2$$

所以做的功是

$$W = \frac{m}{2}\left(v_2^2 - v_1^2\right) \qquad (D.5)$$

质量为 m、速度为 v 的粒子，其动能定义为

$$E_k = \frac{1}{2}mv^2 \qquad (D.6)$$

因此，（D.5）就直接表明，粒子动能的增加等于对该粒子做的功。[167]

举个例子，考虑一个在地球引力场中下落的粒子。质量为 m 的粒子在地面附近受到的力，按（A.3）是

$$F = mg \qquad (D.7)$$

这里 g 是重力加速度，$g = 9.8\,\mathrm{m/s}^2$。（我们假定其他的力，如空气阻力，比重力小很多）。粒子从高度 h_1 下降到高度 h_2 时，重力做的功是力 F 乘以它所作用的距离 $h_1 - h_2$，即

$$W = mg\left(h_1 - h_2\right) \qquad (D.8)$$

把这个式子代入（D.5），我们发现质量 m 可以从等式两边消去，得到

$$g\left(h_1 - h_2\right) = \frac{1}{2}\left(v_2^2 - v_1^2\right) \qquad (D.9)$$

举例：一个物体由帝国大厦楼顶（$h_1 = 300\,\mathrm{m}$）从静止（$v_1 = 0$）开始下落，当它达到地面时速度 v_2 为

$$v_2 = \sqrt{2gh_1} = \sqrt{2 \times 9.8 \times 300} = 77 \ (\mathrm{m/s})$$

我们可以把（D.9）改写一下，成为能量守恒的形式。把因子 m 放回去，并将初始值和最终值分别移到等式左、右两边，可以得到

$$\frac{1}{2}mv_1^2 + mgh_1 = \frac{1}{2}mv_2^2 + mgh_2 \qquad\qquad (\text{D.10})$$

这就显示出能量是守恒的，不过，这里不仅考虑了动能 $\frac{1}{2}mv^2$，还同时考虑了位置的能量，即势能。

$$E_\mathrm{p} = mgh \qquad\qquad (\text{D.11})$$

能量守恒的表达式很有用处，为了明白这一点，我们可以设想一辆引擎已经关掉的汽车，在没有阻力的山路上滑行。前面（D.10）的推导过程在这里不再有效，因为汽车除了受重力作用之外，还受到另一个力的作用，即路面施加给汽车的向上的力，它与汽车的重力相抗衡。如果道路的坡度逐点不同，这个力甚至不是一个恒力。但是，（D.10）却依然有效！这是因为（D.10）只表明势能与动能之和是一个常数。这当然是真的，因为在道路和汽车之间没有能量的交换。路面确实对汽车有一个作用力，但这个力的作用方向垂直于路面，而汽车没有在这个方向上运动，而是仅沿着平行于路面的方向运动。现在再假定，汽车从静止开始无摩擦地下滑，下降高度 300 m，那么汽车

在终点的速度，在数值上（虽然不在方向上）与它在真空中自由下落相同距离后的速度相同，也就是 77 m/s。在汽车上山时，能量守恒公式同样有效。一辆以 77 m/s 的速度无摩擦地爬上山的汽车，可以爬到 300 m 的高度才停下，而且与坡的陡缓没有关系。[168]

势能的概念不仅仅适用于重力场，也适用于电场。例如，在本书附录 C 中讨论的充电金属板，两板间的电场强度 E 是常数，所以电荷为 q 的粒子将受一恒力 qE 的作用。如果顶板和底板分别带正、负电荷，则作用于带正电粒子的力是向下的。根据推导（D.11）完全相同的理由，我们如果想在这儿引进电势能（electric potential energy），只要把 mg 换成 qE 就可以了：

$$电势能 = qEh$$

式中，h 是从底板算起的高度。电势是单位电荷的电势能，所以底板以上高度为 h 处的电势是该处的电势能除以 q，即

$$电势 = Eh$$

在特例中，如果令 h 等于两板间的距离 s，就得到两板之间的电势差：

$$两板间的电势差 = Es$$

汤姆孙在他的阴极射线实验中，知道与两块金属板相连的电池产

生的电势差，也知道两板间的距离 s，所以他很容易算出两板间的电场强度。

E　阴极射线实验中的能量守恒

现在，我们将阐明汤姆孙和考夫曼两人如何利用能量守恒的原理，来计算阴极射线粒子的一些性质。

汤姆孙在阴极射线的尾端装置了一个集电器（collector），并测量了聚集其中的电荷 Q 和热能 H。根据能量守恒定律，热能必定等于撞进集电器的射线粒子的总动能。如果有 N 个粒子以速度 v 运动，我们有

$$H = \frac{1}{2} mv^2 N \qquad (\text{E.1})$$

而且，因为电荷守恒，在集电器上发现的总电荷必然等于撞入其内的 N 个射线粒子的总电荷：

$$Q = eN \qquad (\text{E.2})$$

（E.1）除以（E.2），消去未知量 N，可得

$$\frac{H}{Q} = \frac{mv^2}{2e} \qquad (\text{E.3})$$

汤姆孙还测量了磁偏转，所以他知道出现在（B.10）右边的量，

用已知的 BIL 除以这个量，就可以求出量

$$I = \frac{mv}{e} \tag{E.4}$$

用（E.4）除（E.3），消去未知量 me，可得到

$$v = \frac{2H}{QI} \tag{E.5}$$

把此式代入（E.4），得：

$$\frac{m}{e} = \frac{I^2}{2H/Q} \tag{E.6}$$

例如，从他的"管2"得到的第一批结果中，汤姆孙求出如下数值：

$$\frac{H}{Q} = 2.8 \times 10^3 \text{V}$$

$$I = 1.75 \times 10^{-4} 千克 \cdot 米 / (秒 \cdot 库)$$

这些值见第2章表2-2。由（E.5）给出

$$v = \frac{2 \times 2.8 \times 10^3}{1.75 \times 10^{-4}} = 3.2 \times 10^7 \text{m/s}$$

由（E.6）给出

$$\frac{m}{e} = \frac{1.75 \times 10^{-4}}{2 \times 2.8 \times 10^{3}} = 5.5 \times 10^{-12} \text{kg/c}$$

这个值与第2章的表2-2中最后两列的汤姆孙测量的结果相符（相当接近）。

考夫曼没有在阴极射线管尾端使用集电器，而是小心地测量了阴极射线管的阴极与阳极间的电势差 V，正是利用这个电压把阴极的射线粒子加速到速度 v，然后粒子以这个速度穿过阳极进入偏转区。电压是每库仑电荷做的功，所以电场中把阴极射线粒子从阴极加速到阳极所做的功，是电压 V 与粒子电荷的乘积，而这个功也等于射线粒子所获得的动能，因此

$$\frac{1}{2} mv^{2} = eV \qquad (\text{E.7})$$

利用这个公式，考夫曼可以计算汤姆孙利用（E.3）所计算的同一个物理量 $\frac{mv^{2}}{2e}$。

F　气体性质和玻尔兹曼常数

在这一节，我们将推导稀薄气体的压强、温度和密度之间的基本关系，并说明怎样利用它来证实阿伏伽德罗的假设以及它如何帮助我们确定原子的尺度。

气体压强定义为作用于任何表面单位面积上的力。这个力是因为气体粒子与表面碰撞而产生的。假定一个气体分子碰撞到刚性壁

（rigid wall）上，在时间 t 内对壁施加恒力 F；按照牛顿第三运动定律，壁在相同的时间 t 内，对该分子施加大小相等、方向相反的力 F。因此，气体分子将获得加速度 $\dfrac{F}{m}$（m 是粒子的质量），其速度的改变则为 $\dfrac{Ft}{m}$。[170] 如果气体分子没有给予器壁能量，那么，气体分子在碰撞后的速度与碰撞前相比较，只是方向不同，数值上并没有变化。如果碰撞前气体分子向着器壁的方向上速度分量是 $+v$，那么在碰撞之后则为 $-v$，速度的改变将是 $2v$，这样

$$2v = \frac{Ft}{m}$$

由此式可以求得每个气体分子在与器壁碰撞时作用于器壁的力

$$F = \frac{2mv}{t} \tag{F.1}$$

这个公式是在一个气体分子与刚性壁碰撞时，以恒力作用于器壁的假设情形下推出的；而事实上，即使气体分子作用于器壁的力有变化（实际上确实如此），这个式子仍然有效，只要把 F 解释为在时间 t 内的平均力（average force）。要证明这一点，我们需要把气体分子接触器壁的时间间隔 t 分成许多细小的子间隔，每一个子间隔短到可以在这一间隔里把力看作恒力。牛顿第二运动定律告诉我们，质量乘以每一子间隔气体分子离开器壁时的速度分量的变化，等于器壁作用于气体分子的力乘以子间隔的时间长度。把这些子间隔方程两边的量分别加起来，我们就会发现，质量乘以离开器壁的速度分量的变化（或者 $2mv$），等于子间隔时间长度之和（或者 t）乘以平均力。这种无穷多个无穷小量相加，正是积分学的关键所在。

为了计算压强，我们还需要计算在任何给定的时间里与器壁接触时具有不同速度的气体分子数。这依赖于气体分子的速度，如每个分子所受的力（F.1）一样。为了处理这个复杂的问题，我们集中研究容器壁上一个面积 A，并设想容器中所有气体分子都有指向（或背向）器壁的速度分量，其大小都为 v，一半分子冲向器壁，另一半碰撞后飞离器壁。我们要计算在这种情形下气体施加给器壁的压强；然后，通过求不同速度下压强的平均值，考虑气体分子速度的分布。

在任何时刻，与器壁上面积 A 接触的气体分子数，等于在时间间隔 T 内击中这一面积的气体分子数 N 乘以每个分子与器壁接触时间 t 在 T 中所占的比 $\dfrac{t}{T}$。因此，作用于面积 A 的总力等于每个气体分子施加的力（F.1）、N 和 $\dfrac{t}{T}$ 三者的乘积。压强是单位面积上受的力，所以这里的压强是

$$p = \frac{\dfrac{2mv}{t} \times N \times \dfrac{t}{T}}{A}$$

上式中消去时间 t，于是得到

$$p = 2mv \times \frac{N}{AT} \qquad\qquad (\text{F.2})$$

式中 $\dfrac{N}{AT}$ 正好是气体分子在单位时间内碰撞单位面积器壁的次数。

但是，分子碰撞器壁的次数是多少？在时间 T 内撞到器壁的气体分子，一定是在这段时间里正向器壁运动，并且离器壁足够近，足以在这段时间内撞上器壁。这就是说，要在离器壁 vT 的距离以内。因此，

在时间 T 内撞上器壁面积 A 的气体分子数 N，等于以面积 A 为底、高为 vT 的柱体中气体分子数的一半，即

$$N = \frac{1}{2} nAvT$$

式中，n 是气体中单位体积内气体分子数。这里出现因子 $\frac{1}{2}$，是因为我们假定有一半气体分子向壁运动，一半离壁运动。可以看出，气体分子在单位时间内碰撞单位面积器壁的次数是

$$\frac{N}{AT} = \frac{1}{2} nv \qquad (\text{F}.3)$$

将此式代入（F.2），气体分子施加于器壁的压强是

$$p = 2mv \times \frac{1}{2} nv = nmv^2$$

如前面提到的，我们必须把这个结果对分散的气体分子速度求平均，因此压强的答案是

$$p = nm \left(v^2 \right)_{平均} \qquad (\text{F}.4)$$

这里，$\left(v^2 \right)_{平均}$ 是气体分子任一速度分量（例如垂直于器壁的分量）的平方的平均值。

为了找到 $\left(v^2 \right)_{平均}$ 这个值，我们要引用经典统计力学（classical statistical mechanics）的一个结果，即能量均分定律（equipartition of energy）：当系统达到热平衡时，系统的每一个自由度（degree of freedom）在平均的意义上具有相同的能量，即

$$\bar{E} = \frac{1}{2}kT \qquad (\text{F.5})$$

式中，T是开氏温度，k是统计力学中的基本常数，通常称为玻尔兹曼常数（Boltzmann's constant），其数值取决于选用的温度单位。字母E上的横线表示对时间取平均值，不是对自由度求平均。要精确地解释物体的"自由度"会离题太远，我们只需记住：每个自由度对一个物理系统的总能量提供一个独立的可加的（independent additive）贡献。为达到我们的目的，只要记住每个自由运动的分子对总能量的可加的贡献等于

$$\frac{1}{2}m\left(v_x^2 + v_y^2 + v_z^2 \right)$$

这里v_x、v_y、v_z是气体分子沿三个垂直方向的速度分量，例如沿北、东、上三个方向。每个气体分子速度的每个分量（each component）都是一个独立的自由度，所以公式（F.5）告诉我们，对自由运动的气体分子应有

$$\frac{1}{2}m\bar{v}_x^2 = \frac{1}{2}m\bar{v}_y^2 = \frac{1}{2}m\bar{v}_z^2 = \frac{1}{2}kT \qquad (\text{F.6})$$

能量均分定律能够在这里起作用，是因为如果不同的自由度有不同的平均能量，那么碰撞和其他相互作用将会从能量比平均值高的自由度，抽出能量传给其他自由度，直到所有自由度的平均能量相同。还要注意的是，每个自由度的平均能量具有与温度相同的基本特

性。如果有两个孤立系统，它的每个自由度平均能量不同，让它们接触，那么能量将从每个自由度平均能量较高的系统，流向另一个系统，直到合成系统的每一个自由度具有相同的平均能量。我们如果愿意的话，可以把系统的温度定义为每个自由度的平均能量，但是这样却不好测量。由于历史的缘故，普遍采用摄氏温标为科学上温度的单位，其定义是1℃为在一个标准大气压下冰的熔点和水的沸点之间温度差的 $\frac{1}{100}$。利用玻尔兹曼常数，可以把这种日常温度单位换算成每个自由度的能量。现代的测量指出，玻尔兹曼常数是 1.3807×10^{-23} J/℃。在任何情形下，不管我们采用什么温度单位，（F.5）总是给出经典物理学中绝对零度（absolute zero of temperature）的精确意义，即绝对零度时每一个自由度的平均能量都是零。如果用摄氏温标测量温度，但是把 $T=0$ 定为绝对零度，而不是冰的熔点，这就是用开尔文温标（degrees Kelvin）来测量温度。在开氏温标上，冰的熔点是273.15 K。

现在回到气体压强上来。（F.6）给出每个气体分子速度分量平方的时间平均值。因为它对所有气体分子都一样，所以（F.6）可以用来求所有气体分子的平均值。但是，我们不必对时间求平均值，因为能量守恒定律告诉我们，每个自由度的能量对所有自由度的平均值不会随时间改变，它等于总能量除以自由度数。因此，

$$\frac{1}{2} m \left(v^2 \right)_{平均} = \frac{1}{2} kT \qquad (F.7)$$

消去 $\dfrac{1}{2}$，代入（F.4）可得到

$$p = nkT \qquad\qquad (F.8)$$

请注意，粒子的质量 m 从式中消失，因此体积 V 中的气体分子数是

$$nV = \dfrac{pV}{kT}$$

对一定体积 V、压强 p 和温度 T 的所有气体，上式都一样。这就证明了阿伏伽德罗的假设。

20世纪初，原子的质量、电荷、半径等量值先后被测出，在此之前，物理学家和化学家没有办法以任何精度计算给定体积中的分子数，因此气体定律（F.8）过去和现在都写成了另一个很不同的形式。人们不使用单位体积内气体分子数 n，而引入单位体积的密度 ρ，质量为 m 的气体分子的密度是

$$\rho = nm \qquad\qquad (F.9)$$

我们可以把质量 m 表示为气体分子的分子量 μ 乘以相应于一个单位原子量的分子质量 m_1，即

$$m = \mu m_1 \qquad\qquad (F.10)$$

或者，因为阿伏伽德罗常数 $N0$ 定义为 $\dfrac{1}{m_1}$，所以有

$$m = \frac{\mu}{N_0} \qquad\qquad (\text{F.11})$$

气体定律（F.8）由此可以写为

$$p = \frac{eRT}{\mu} \qquad\qquad (\text{F.12})$$

式中 R 就是气体常数（$gas\ constant$）：

$$R = \frac{k}{m_1} = kN_0 \qquad\qquad (\text{F.13})$$

这里的关键在于：测量了已知分子量的气体压强、密度和温度，我们就可以直接计算 R。用这个方法，人们在19世纪就已经知道 R 的值是 8.3×10^3 J/（kg·K）。知道了 R，如果玻尔兹曼常数 k 或质量单位 m_1（或等效地说，利用 N_0）中有一个量已知，就可以求出另一个量。

例如，1901年马克斯·普朗克在一项著名的热辐射研究中，测到玻尔兹曼常数 $k \approx 1.34 \times 10^{-23}$ J/K，然后利用（F.13）和气体常数 $R = 8.27 \times 10^3$ J/（kg·K），算出

$$m_1 = \frac{k}{R} = \frac{1.34 \times 10^{-23}\ \text{J/K}}{8.27 \times 10^3\ \text{J/（kg·K）}} = 1.62 \times 10^{-27}\text{kg}$$

或者

$$N_0 = \frac{1}{m_1} = 6.17 \times 10^{26}/kg$$

然后，利用法拉第在电解研究中得到的法拉第值

$$F = \frac{e}{m_1} = eN_0 = 9.65 \times 10^7 C/kg$$

普朗克算出的电子电荷值是

$$e = Fm_1 = 9.65 \times 10^7 C/kg \times 1.62 \times 10^{-27} kg = 1.56 \times 10^{-19}\ C$$

10年以后，密立根直接测量的电子电荷值是

$$e = 1.592 \times 10^{-19} C$$

如果法拉第值 $F = 9.65 \times 10^7/kg$，密立根算出的阿伏伽德罗常数是

$$N_0 = \frac{9.65 \times 10^7 C/kg}{1.592 \times 10^{-19} C} = 6.062 \times 10^{26}/kg$$

或者等效地

$$m_1 = \frac{1}{N_0} = 1.65 \times 10^{-27} kg$$

174　　如果气体常数 $R = 8.32 \times 10^3 J/(kg \cdot K)$，密立根可以计算出玻尔兹曼常数

$$k = \frac{R}{N_0} = \frac{8.32 \times 10^3}{6.062 \times 10^{26}} = 1.372 \times 10^{-23} \, \text{J/K}$$

能量均分定律还允许我们简单地估计气体的能量。据（F.6），每一个气体分子的平均动能是

$$\frac{1}{2}m\bar{v}_x^2 + \frac{1}{2}m\bar{v}_y^2 + \frac{1}{2}m\bar{v}_z^2 = \frac{3}{2}kT$$

如果每个分子的质量是m，则单位质量的能量是

$$\varepsilon = \frac{3}{2}kT/m = \frac{3}{2}RT/\mu$$

实际上，上式仅对单原子气体（如氦）才有效。如果是双原子气体，如O_2或N_2，则还有两个自由度，分别对应于确定分子取向所需的两个角度，所以它们的每个分子又有额外的能量$2 \times \frac{1}{2}kT$，于是单位质量的能量是

$$\varepsilon = \frac{5}{2}RT/\mu$$

举一个例子，氧气的$\mu = 32$，所以在典型室温$T = 300\,\text{K}$时，1kg氧气的热能是

$$(5/2) \times (8.3 \times 10^3) \times (300/32) = 1.9 \times 10^5 \, \text{J}$$

测量给定质量的气体产生给定温度变化所需要的能量，是求气体常数R的另一种方法。

G　密立根油滴实验

这一节，我们用牛顿第二运动定律和斯托克斯黏滞定律（Stokes Law of viscosity）来说明如何利用密立根对油滴运动的测量推导出这些油滴所带的电荷。

在没有电场的情形下，一颗油滴将在重力作用下下落。按照（A.3），它受到的重力为

$$F_{重} = mg \qquad (G.1)$$

这里 m 是油滴的质量，$g = 9.806$ 米/秒^2。在油滴下落时它还受到空气黏滞性的阻力，阻力向上的分量由斯托克斯定律给出：

$$F_{黏} = -6\pi \eta a v \qquad (G.2)$$

式中的 $\pi = 3.14159\cdots$，η 为空气的黏滞系数，密立根的取值是 $\eta = 1.825 \times 10^{-5}$ 牛·秒/米^2，a 是油滴的半径，v 是向下的速度。（G.2）中的负号表明阻力的作用方向与速度的方向相反，即向上。

175　　　当油滴下落时，开始它的速度很小，由于重力大于黏滞阻力，油滴向下做加速运动。后来，由于速度增加，黏滞阻力（G.2）随之增大，因此净向下的作用力减小，向下的加速度也减小。最终，当速度达到某一个值的时候，黏滞阻力正好等于重力，于是两者抵消，油滴将以这一瞬间的速度匀速下落，不再被加速。因此我们得出，令（G.1）与

（G.2）之和等于零，就可以求出油滴最终达到的"末"速度（terminal velocity）v_0：

$$0 = mg - 6\pi\eta a v_0 \qquad (G.3)$$

如果我们知道油滴的密度 ρ（单位体积的质量），可以利用下式

$$m = 4\pi a^3 \rho / 3 \qquad (G.4)$$

把（G.4）代入（G.3），得到

$$0 = (4\pi a^3 \rho g / 3) - 6\pi\eta a v_0$$

由上式可以解出油滴半径：

$$a = \sqrt{\frac{9\eta v_0}{2g\rho}} \qquad (G.5)$$

将此式代入（G.4），得到油滴的质量：

$$m = \frac{4\pi\rho}{3} \left(\frac{9\eta v_0}{2g\rho} \right)^{\frac{3}{2}} \qquad (G.6)$$

利用（G.5）和（G.6），我们可以用已知的油滴密度 ρ 和末速度 v_0 算出它的质量 m 和半径 a。

现在，假定油滴除了受重力和黏滞阻力作用外，还受到向下的电

场 E 的作用，它产生向下的电力分量是

$$F_{电}=qE \qquad (G.7)$$

这个力作用于带电 q 的油滴。如果 q 是负电，那电力是负的，意思指电力实际是向上的。加上电场后，油滴运动最后的末速度 v_0 的计算，仍然可以用作用于油滴的合力为零这个条件，只不过现在这个条件变了一点，是

$$0 = F_{重}+F_{黏}+F_{电} \qquad (G.8)$$

利用（G.1）、（G.2）和（G.7），得到

$$0 = mg-6\pi\eta av+qE$$

由此式可以解出油滴上的电荷：

$$q = (-mg+6\pi\eta av)/E \qquad (G.9)$$

对每一个油滴，必须先关掉电场再观察其下落，以求出 m 和 a，然后加上电场观察油滴的上升运动，以求出 q。

176　　在代入数字看结果以前，我们应该提到密立根对上述简单分析提出的两项修正。

首先是空气有浮力。自阿基米德时代以来，人们就知道浸入流体的物体受到浮力的影响，浮力的效应减小了物体的表观重量（apparent weight），减小的量等于物体排开流体的重量。在油滴实验里，空气浮力减少的有效重力（effective gravity force），从（G.1）减至

$$F_重 = mg - \frac{4\pi}{3}a^3 \rho_{空气}g$$

与（G.4）相比，我们可以知道浮力的全部效应，只不过是把（G.4）中出现的油滴密度 ρ 用有效密度 $\rho_{有效}$ 来代替：

$$\rho_{有效} = \rho - \rho_{空气} \qquad\qquad （G.10）$$

在室温和海平面大气压下，空气密度是1.2千克/米^3，而密立根用的油的密度是 0.9199×10^3 千克/米^3，所以我们应该使用的有效密度是：

$$\rho_{有效} = 0.9187 \times 10^3 千克/米^3$$

第二项修正复杂得多，而且在数值上也更加重要。这项修正的起因是密立根研究的油滴极其微小，其半径比空气分子在两次碰撞间的平均自由程（average free path）l 大不了多少，这时斯托克斯定律对这样的微粒是不很精确的。正如斯托克斯已经假定的那样，微粒太小时，从微粒周围流过的空气不是严格的平稳流体（smooth fluid），而是在某种程度上像自由运动分子的集合。密立根考虑到了这一点，他将空气的黏滞系数 η 用有效黏滞系数代替，他推测有效黏滞系数是：

$$\eta_{有效} = \eta / (1 + Al/a) \qquad (G.11)$$

式中 A 是一个常数，与油滴尺寸或空气性质无关。理论计算给出 $A = 0.788$，但密立根发现 $A = 0.874$ 更好，因为如果用这个值计算，不同油滴测得的电荷彼此更为接近。在求油滴半径的（G.5）中，必须代入这个有效黏滞系数。原则上说，由于 $\eta_{有效}$ 依赖于 a，我们必须解一个相当复杂的代数方程以求出 a。幸好 $\dfrac{l}{a}$ 非常小，所以 η 有效接近于 η，因此在（G.11）中用没有校正的 a 值求有效黏滞系数，已是足够好的近似。

$$\eta_{有效} \approx \frac{\eta}{1 + Al\sqrt{\dfrac{2g\rho_{有效}}{9\eta v_0}}} \qquad (G.12)$$

上式已经考虑了（G.10）对浮力的修正。然后，用上式代替（G.5）中的 η，求出油滴的半径

$$a = \sqrt{\frac{9\eta_{有效} v_0}{2g\rho_{有效}}} \qquad (G.13)$$

177

和油滴的有效质量

$$m_{有效} = \frac{4\pi}{3}\rho_{有效} a^3 = \frac{4\pi}{3}\rho_{有效}\left(\frac{9\eta_{有效} v_0}{2g\rho_{有效}}\right)^{\frac{3}{2}} \qquad (G.14)$$

然后，利用质量和黏滞系数的有效值，由（G.9）算出油滴上的电荷

$$q = \frac{(-m_{有效} g + 6\pi\eta_{有效} av)}{E} \qquad (G.15)$$

为了明白如何用上式进行计算，我们利用密立根1911年论文中的第16号油滴。他观测到，当关掉电场后，这滴油滴以 5.449×10^{-4} 米/秒的平均末速度下落。油的有效密度（G.10）取 0.9187×10^{3} 千克/米^3，未修正的空气黏滞系数 $\eta = 1.825 \times 10^{-5}$ 牛·秒/米^2，空气的平均自由程 $l = 9.6 \times 10^{-8}$ 米，由此，有效黏滞系数（G.12）就是

$$\eta_{有效} = \frac{1.825 \times 10^{-5}}{\left[1 + 0.874 \times 9.6 \times 10^{-8} \times \sqrt{\dfrac{2 \times 9.806 \times 0.9187 \times 10^{3}}{9 \times 1.825 \times 10^{-5} \times 5.449 \times 10^{-4}}}\right]} =$$

$$1.759 \times 10^{-5} 牛·秒/米^2$$

油滴的半径现在可以用（G.13）求出：

$$a = \sqrt{\frac{9 \times 1.759 \times 10^{-5} \times 5.449 \times 10^{-4}}{2 \times 9.806 \times 0.9187 \times 10^{3}}} = 2.188 \times 10^{-6} 米$$

油滴的有效质量由（G.14）求出：

$$m_{有效} = \frac{4\pi}{3} \times 0.9187 \times 10^{3} \times \left(2.188 \times 10^{-6}\right)^{3} =$$

$$4.03 \times 10^{-14} 千克$$

加上电场强度 $E = 3.178 \times 10^{5}$ 伏/米以后，观察到该油滴在第一次上升的速度 $v = -5.746 \times 10^{-4}$ 米/秒（负号是因为前面定义 v 是向下的速度分量，而此时油滴是向上运动。这时黏滞力与重力的方向相同）。因此（G.15）现在给出该油滴上的电荷是：

$$q = [-(4.03 \times 10^{-14} \times 9.806) - (6\pi \times 1.759 \times 10^{-5} \times 2.188 \times 10^{-6} \times$$
$$5.746 \times 10^{-4})] / 3.178 \times 10^{5} = -2.555 \times 10^{-18} 库$$

这个值并没有说明电子的电荷是多少，因为我们还不知道这滴油滴上携带了多少个附加电子。密立根解决这个问题的办法是：反复加上和撤去电场，计算每次加上电场时油滴上升中携带的电荷。他发现在每相继两次上升之间，电荷的改变总是接近同一电荷的整数倍。根据对这些数据的综合研究，密立根在1911年得出结论，电子的电荷 $e = (-1.592 \pm 0.003) \times 10^{-19}$ 库。特别应该指出的是，他得出结论说，第16号油滴在第一次上升过程中，携带的电子数为

$$\frac{-2.555 \times 10^{-18}}{-1.592 \times 10^{-19}} = 16.05$$

这就是说，16号油滴在第一次上升过程中携带了16个电子的电荷。小小的误差（$\frac{0.05}{16} \approx 0.3\%$），可以很容易地理解为测量中很小的随机误差（small random errors of measurement）。

密立根实验中有一个最大的误差不是出自他的测量，而是由于他所采用的空气黏滞系数值。现在公认的 η 值在密立根实验时的温度（23℃）下，其值为 1.844×10^{-5} 牛·秒/米^2，比密立根采用的值大1%。修正这个误差后，$\eta_{有效}$ 增加了1%，油滴半径增大了0.5%，油滴质量增大了1.5%，总电荷增大了1.5%。特别重要的是，对由于 η 的增加引起的 $\eta_{有效}$ 值进行修正后，密立根1911年测得的电子的电荷 e 就变成 $(-1.616 \pm 0.003) \times 10^{-19}$ 库。

H 放射性衰变

本节将推导放射性衰变的指数定律（exponential law），并阐明为什么用这个定律可以估算放射性元素的年龄。

放射性元素的半衰期 $t_{1/2}$ 的定义是：任何一个放射性元素的样品在一段时间里，如果有一半发生了衰变，这段时间就称为该元素的半衰期。如果一种放射元素最初有 N_0 个原子，经过时间 t 后，也就是经历了 $t/t_{1/2}$ 个半衰期，原子的数目将以 $t/t_{1/2}$ 因子的一半衰减，因此剩余的原子数将是

$$N = \left(\frac{1}{2}\right)^{t/t_{1/2}} \cdot N_0 \qquad (\text{H.1})$$

例如，镭的半衰期是 1600 年，所以任一块 4.5×10^9 年前在地球上生成的镭，到今天剩下的只有

$$\left(\frac{1}{2}\right)^{4.5 \times 10^9 / 1.6 \times 10^3} \approx 10^{-850000}$$

这么少的份额使我们深信，现在地球上找到的镭，一定是从较长寿命的元素中产生的。

这类计算可以反过来进行，用以求出给定的放射性元素减少所需要的时间。为了从（H.1）求出时间 t，我们要用到对数（logarithm）。我们知道，任何数的对数是一个幂次（power，不必是整数），以 10 为底的这个幂就等于这个数。例如，$10^0 = 1$，$10^1 = 10$，$10^2 = 100$，等等。

179 所以 lg 1 = 0, lg 10 = 1, lg 100 = 2, 等等。

又因为 $10^{-1} = 0.1, 10^{-2} = 0.01$, 等等, 所以 lg 0.1 = -1, lg 0.01 = -2, 等等。

而且, $2 = 10^{0.3010}, 3 = 10^{0.4771}$, 等等, 所以 lg 2 = 0.3010, lg 3 = 0.4771, 等等。

如果 lg$x$=a, lg$y$=b, 那么 $x = 10^a$, $y = 10^b$, 所以 $xy = 10^a \times 10^b = 10^{a+b}$, 因此

$$\lg(xy) = \lg x + \lg y \tag{H.2}$$

同理：

$$\lg\left(\frac{x}{y}\right) = \lg x - \lg y \tag{H.3}$$

最后, 如果 lg$x$=a, 那么 $x = 10^a$, 而 $x^y = 10^{ay}$, 所以

$$\lg(x^y) = y\lg x \tag{H.4}$$

要解（H.1）式, 我们只要在等式两边取对数, 得到：

$$\lg(N/N_0) = (t/t_{1/2}) \times \lg\left(\frac{1}{2}\right) = -0.3010 \times (t/t_{1/2}) \tag{H.5}$$

例如，任何放射性样品的放射性衰减到原来的1%，所需的半衰期数是：

$$t / t_{1/2} = \frac{\lg(0.01)}{-0.3010} = \frac{-2}{-0.3010} = 6.64$$

我们也可以测量样品中的放射性强度，求出放射性样品的年龄。即使仅仅知道各种初始丰度比，也可以求出年龄。假定某种元素有两种同位素，最初以 N_{1_0} / N_{2_0} 的比例生成（例如在恒星中），而现在测出它们的比例是 $N_1 / N_2 = r$，应用（H.1）可得

$$N_1 = \left(\frac{1}{2}\right)^{t/t_1} N_{1_0}$$

$$N_2 = \left(\frac{1}{2}\right)^{t/t_2} N_{2_0}$$

式中 t_1 和 t_2 是同位素1和同位素2的半衰期。这两式之比是

$$r = \left(\frac{1}{2}\right)^{t/t_1 - t/t_2} r_0$$

取对数则有

$$\lg r - \lg r_0 = \left(\frac{t}{t_1} - \frac{t}{t_2}\right) \lg \frac{1}{2}$$

或者解出 t 来：

180

$$t = \frac{\lg r - \lg r_0}{\left(\dfrac{1}{t_1} - \dfrac{1}{t_2}\right) \lg \dfrac{1}{2}} \tag{H.6}$$

　　例如，^{235}U和^{238}U的半衰期分别是0.714×10^9年和4.501×10^9年，人们还相信它们在形成时的丰度比（abundance ratio）是

$$r_0 \equiv \left(^{235}\mathrm{U} / ^{238}\mathrm{U} \right)_{初始} \simeq 1.65$$

现在它们的丰度是

$$r \equiv \left(^{235}\mathrm{U}/^{238}\mathrm{U} \right)_{现在} = 0.00723$$

于是（H.6）给出了铀的年龄

$$t_U = \frac{\lg(0.00723) - \lg(1.65)}{\left(\dfrac{1}{0.714 \times 10^9} - \dfrac{1}{4.501 \times 10^9} \right) \times \lg\dfrac{1}{2}}$$

这里出现的对数有

$$\lg\left(0.00723 \right) = -2.1409$$

$$\lg\left(1.65 \right) = 0.2175$$

$$\lg\left(1/2 \right) = -0.3010$$

　　于是我们求出铀的年龄是6.65×10^9年，也就是说宇宙至少存在了这么多年。

　　已经知道某种元素的半衰期，我们可以计算其原子放射衰变的速

率（rate）。假定某放射性元素开始有N_0个原子，经过一个非常短的时间t后，有N个原子留下，那就有(N_0-N)个原子已经衰变，因而任何一个原子衰变的概率（probability）是$(N_0-N)/N_0$，按（H.1），此数为

$$\begin{pmatrix}在短时间t内\\的衰变概率\end{pmatrix} = \frac{N_0-N}{N_0} = 1-\left(\frac{1}{2}\right)^{t/t_{1/2}} \qquad (\text{H.7})$$

为估算这个值，我们利用小幂次的一般公式

$$a^\varepsilon \simeq 1+\varepsilon\,(\lg a)/M \qquad (\text{H.8})$$

这里M是一个纯数$0.4343\cdots\cdots$当ε足够小以致ε^2的项可以忽略的时候，（H.8）是一个有效的近似。把（H.8）代入（H.7），令$a=\frac{1}{2}$，$\varepsilon=t/t_{1/2}$，我们可以求出，一个原子在比$t/t_{1/2}$小得多的时间间隔t内衰变的概率是：

$$\begin{pmatrix}在短时间t内\\的衰变概率\end{pmatrix} \simeq \left(\frac{1}{t_{1/2}}\right)\left(\lg\frac{1}{2}\right)/M$$

$$= \left(\frac{0.3010}{0.4343}\right)\left(\frac{1}{t_{1/2}}\right) = 0.6931\left(\frac{t}{t_{1/2}}\right) \qquad (\text{H.9})$$

例如，对一个镭原子来说，由于$t_{1/2}=1600$年，所以在第一个10[181]年里它的衰变概率应该是

$$0.6931\times\frac{10}{1600} = 0.43\%$$

为了验证（H.8），并知道 M 是怎样算出来的，我们计算该式两边的 $1/\varepsilon$ 次方。我们可以把它写成比较干净利落的形式：

$$\left[1+\varepsilon\left(\lg a\right)/M\right]^{1/\varepsilon}=\left[\left(1+\delta\right)^{1/\delta}\right]^{(\lg a)/M}$$

式中，$\delta\equiv\varepsilon\left(\lg a\right)/M$。由于 ε 非常的小，所以 δ 也非常小，因而 $(1+\delta)^{1/\delta}$ 趋向一个极限，记为 e（不要与电子电荷混淆，这儿 e 是自然对数的底）。例如，$\delta=0.01$，0.0001 或 0.000001，我们可以算出

$$\left(1.01\right)^{100}=2.704814$$

$$\left(1.0001\right)^{10000}=2.718146$$

$$\left(1.000001\right)^{1000000}=2.718282$$

这些数的收敛性表明（实际上无须证明），对于小的 δ，$(1+\delta)^{1/\delta}$ 逼近一个极限，接近于 2.71828，这个极限更精确的值是

$$\mathrm{e}\equiv\lim_{\delta\to0}\left(1+\delta\right)^{1/\delta}=2.7182818$$

令 $(1+\delta)^{1/\varepsilon}=e$，得：

$$\left[1+\varepsilon\left(\lg a\right)/M\right]^{1/\varepsilon}\simeq\mathrm{e}^{(\lg a)/M}\simeq10^{(\lg e)(\lg a)/M}$$

因此，我们取

$$M = \lg e = 0.4342944819$$

所以

$$[1+\varepsilon(\lg a)/M]^{1/\varepsilon} \simeq 10^{\lg a} = a.$$

求这个方程的 ε 次方，就得到公式（H.8）。这既检验了公式（H.8），也说明了所引用的 M 值是正确的。

在（H.9）中的 $t_{1/2}/0.6931$ 这个量还有另一个特殊的意义：它是放射性元素每个原子的平均寿命（*average life*）$t_{平均}$。为了弄清楚这一点，我们假设给定的某种放射性物质的一个原子发生了衰变，就立即由另一个原子取代。如果我们等待一段比半衰期长得多的时间 T，那么我们观测到的衰变次数乘以两次衰变间的平均时间 $t_{平均}$，必然等于 T，即

$$衰变次数 = T/t_{平均}$$

但是，在整个过程中都有一个原子始终存在，所以在任意短的时间间隔 t 里，衰变的概率是均匀的，它等于衰变次数乘以 t 在总时间间隔 T 内所占的比 t/T，即

$$\left(\begin{array}{c}在短时间t内\\的衰变概率\end{array}\right) = \frac{T}{t_{平均}} \times \frac{t}{T} = \frac{t}{t_{平均}}$$

把上式与（H.9）比较，可以看出只有一个原子的平均寿命是

$$t_{平均} = t_{1/2}/0.6931 = 1.4427\,t_{1/2} \qquad (\text{H.10})$$

的时候，两式才相容。例如，镭原子的平均寿命不等于半衰期1600年，而等于$1600 \times 1.4427 = 2308$年。

上面的讨论暗示，有一种利用放射性来估计原子质量的方法。假定我们能够测出某种放射性元素的半衰期，例如，我们在测镭的样品的放射性时，测出在10年中其放射性降到初始放射性的99.568%，利用（H.5）式可得到它的半衰期

$$t_{1/2} = \frac{-0.3010 \times 10 \ \text{年}}{\log(0.99568)} = 1600 \ \text{年}$$

又假定，这块放射性元素样品的质量m为已知，而且m足够地小，使我们能够对单个的放射性衰变计数，例如可以计算镭放射的α粒子撞击硫化锌荧光屏产生的闪烁的次数。在短的时间t内观测到的衰变次数，将等于单个原子的衰变概率（H.9）乘以样品中原子的数目$m/\mu m_1$：

$$衰变次数 = 0.693 \left(\frac{t}{t_{1/2}} \right) \times \frac{m}{\mu m_1} \qquad (\text{H.11})$$

这里μ是原子量，m_1是相应于单位原子质量的质量。所以，μm_1是一个原子的质量。测量单位时间里的衰变次数，并且知道m、μ和$t_{1/2}$，我们就可以用（H.11）求出m_1，或者等价地说，可以求出阿伏伽德罗常数$N_0 \equiv 1/m_1$。

I 原子内的势能

这一节我们将推导出一个带电粒子在距原子核给定距离 r 处的势能公式，并利用它来估计具有一定速度的 α 粒子能进入距原子核的最近距离。

设想一个带电 q 的粒子，它与带电 q' 的原子核的距离是 r。为了强调带电 q 的粒子的势能依赖于距离 r，我们用 $V(r)$ 表示这个势能。为了求出 $V(r)$，设想这个粒子被原子核的电场从 r 处推到了 r'，而且 r' 非常接近于 r。因为行程很短，力的作用在这段运动过程中几乎是常数，大致上等于力在 r 处的值。按照库仑定律，此力的大小是

$$F \simeq \frac{k_e qq'}{r^2}$$

运动的距离是 $(r'-r)$，所以电场力做的功就是 $F \times (r'-r)$。按照定义，这个功应等于势能的减少，所以有

$$V(r) - V(r') \simeq F \times (r'-r)$$

在 r' 很接近 r 的情形下，可得到

183

$$\frac{V(r') - V(r)}{r' - r} \simeq -F = \frac{-k_e qq'}{r^2} \tag{I.1}$$

虽然符号"$\simeq$"意味着"渐近等于"，但当 r' 趋近 r 时，（I.1）左边的分子和分母都逼近于零，但其比值必逼近一个极限，等于 $-F$。这个极

限在微积分中称为 $V(r)$ 的导数（*derivative*）。

条件（I.1）只告诉我们 $V(r)$ 怎样随 r 而变化，并没有告诉我们在任一 r 处 $V(r)$ 的值。有了满足（I.1）的任何一个 $V(r)$，我们可以求出（I.1）的另一个解。办法很简单，给 $V(r)$ 加一个常数就行了。为了确定 $V(r)$，我们可以采用一个相当自然的约定，即在距离原子核非常远的地方，其势能为零：

$$r \text{ 非常大时}, \quad V(r) \rightarrow 0 \qquad\qquad (\text{I.2})$$

以上两个条件可以确定 $V(r)$。

因为功是力乘以距离，而电场力正比于 $1/r^2$，我们猜测 $V(r)$ 正比于 $1/r$，即

$$V(r) = A/r$$

再用（I.1）来检验这个猜测，并算出常数 A。注意：

$$V(r') - V(r) = A\left(\frac{1}{r'} - \frac{1}{r}\right) = A(r - r')/rr'.$$

因此，

$$\frac{V(r') - V(r)}{r' - r} = -A/rr'$$

在 r' 趋近于 r 的极限时，等式右边的值为 $-A/r^2$ ；所以，如果 A 是 $k_e qq'$ 时，（I.1）确实被满足，而且因为 $V(r)$ 正比于 $1/r$ ，显然也满足（I.2）。由此，我们的结论是

$$V(r) = \frac{k_e qq'}{r} \qquad (I.3)$$

应该强调的是，（I.3）只是近似地满足条件（I.1），但是当 r' 无限逼近 r 的时候，这个近似变成无限地精确，因此（I.3）应该看作我们问题的精确解。这类计算属于微积分发明时的典型运算，而我们所用的方法为微积分方法提供了一个基本的范例。

如果带电 $q = 2e$ 的 α 粒子带有能量 E_∞ 从无穷远处出发，当它与带电 $q' = Ze$ 的原子核相距 r 时速度为 v ，那么，根据能量守恒定律，粒子的初始能量 E_∞ 应等于势能 $V(r)$ 和动能 $\frac{1}{2}mv^2$ 的和：

$$E_\infty = \frac{2k_e Ze^2}{r} + \frac{1}{2}mv^2 \qquad (I.4)$$

举一个例子，如果 α 粒子对准了原子核，那么在 $v = 0$ 时，（I.4）的 [184] 解给出的距离 $r_{最小}$ 是 α 粒子在这时达到静止状态。即

$$r_{最小} = \frac{2k_e Ze^2}{E_\infty} \qquad (I.5)$$

如果用 10^8 伏特的电势差来加速 α 粒子，它的能量就是 2×10^8 电子伏（因为它的电荷是 $2e$ ），即

$$2 \times 10^8 \times 1.6 \times 10^{-19} = 3.2 \times 10^{-11} \text{焦}$$

由（I.5）得到，最接近原子核的距离是

$$r_{最小} = \frac{2 \times 8.987 \times 10^9 \times Z \times \left(1.6 \times 10^{-19}\right)^2}{3.2 \times 10^{-11}} = 1.4 \times 10^{-17} Z \text{ 米}$$

对金元素来说，金的 $Z = 79$，所以 α 粒子能进入离核的中心 10^{-15} 米处，这实际上已经进入了原子核。

J   卢瑟福散射

这一节我们要讨论卢瑟福推导的 α 粒子在原子核上散射的公式，并解释怎样利用这个公式证明原子核的存在以及测量原子核的电荷。

假定一个 α 粒子射向一个原子，它的飞行方向是这样的：如果它受偏转力作用，它将以距离 b 从原子核边飞过。如果 α 粒子与原子核之间的作用力奇迹般地撤去时，α 粒子与原子核最接近的距离 b 被称为碰撞参量（impact parameter）。用牛顿第二运动定律来研究 α 粒子的运动，我们可以计算出对应于每一个碰撞参量的散射角（scattering angle）ϕ，即 α 粒子速度的初始方向和最终方向间的夹角（图 J–1）。

在这里我们不能给出这项计算的细节，但是好在我们可以借助于量纲分析（dimensional analysis）的方法，得到最终的答案。这个方法的基础是如下的原理：我们要计算的任何物理量，它的值都不依赖于与这个量有关的其他量的测量单位。卢瑟福散射提供了一个很好的例

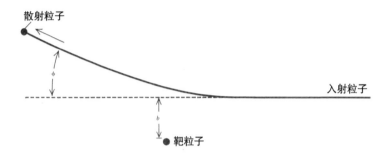

图J-1　散射事件示意图。图中显示了碰撞参量（b）和偏转角度（φ）的定义

子，说明这种方法的有效性和局限性。

首先，我们必须考虑散射角ϕ会依赖哪些输入参量（imput parameter）。ϕ肯定会依赖碰撞参量b以及α粒子的初始速度v。另外，把牛顿第二运动定律和库仑定律结合起来，我们可以得到α粒子在距离原子核r处的加速度是

$$a = \frac{F}{m_a} = \frac{k_e(2e)(Ze)}{m_a r^2} \qquad (\text{J.1})$$

这个加速度指向离开原子核的方向。（记住：α粒子的电荷是$2e$，电子的电荷是$-e$，原子核的电荷是Ze，m_a是α粒子的质量，k_e是出现在库仑定律中的常数。）因此，散射角依赖于k_e、Z、e和m_a，但仅依赖于它们的一种组合：[1] [185]

---

1. α粒子与原子核的距离r，没有包括在（J.2）中，因为它不是可能决定ϕ的输入参量，但它的确是一个动力学变量，在散射过程中它按牛顿第二运动定律的规则变化。

$$\frac{2k_eZe^2}{m_\alpha} \qquad\qquad (J.2)$$

这些量——b、v 和（J.2）——是决定散射角 ϕ 的全部输入参量。

现在，ϕ 是用度或弧度（radians）来度量的，所以它的值与用来测量距离、时间、质量或电荷的单位无关。事实上，我们不做任何计算就知道，ϕ 的正确公式不是像 $\phi=1/b$ 或 $\phi=1/v$、$\phi=1/bv$ 之类的形式，因为这些量的数值明显地与长度和时间的单位有关。例如，如果 $\phi=1/b$，那么当 b 用厘米而不是用米来量度时，散射角 ϕ 就会增大 100 倍。所以，问题变成要用 b、v 和（J.2）构成一个无量纲组合（dimensionless combination），也就是构成一个不依赖于距离、时间等单位的组合。

只需把（J.1）中的 r^2 移到等式左边，就可以看出（J.2）的单位是加速度的单位乘以距离的平方的单位；而加速度的单位是距离除以时间的平方（例如 9.8 米/秒^2），所以我们也可以说（J.2）的单位是：

$$2k_eZe^2/m_\alpha \sim (距离)^3/(时间)^2 \qquad\qquad (J.3)$$

我们的输入参量中并没有时间，但有速度，它的单位是

$$v \sim 距离/时间 \qquad\qquad (J.4)$$

为了构成一个与时间无关的物理量，我们必须把（J.2）除以 v^2，这就得到一个具有如下单位的量：

$$2 Z k_e e^2 / m_a v^2 \sim 距离 \qquad (\text{J.5})$$

最后，为了构成一个与测量距离的单位无关的物理量，我们必须 [186] 用输入参量中仅有的距离（碰撞参量 b）去除（J.5），从而得到

$$2 Z k_e e^2 / m_a v^2 b \qquad (\text{J.6})$$

于是得到的结论为散射角 ϕ 只能依赖于输入参量的这一组合。我们也可以反过来说，组合（J.6）可以表示成一个量 $f(\phi)$，它只依赖于散射角 ϕ：

$$2 Z k_e e^2 / m_a v^2 b = f(\phi) \qquad (\text{J.7})$$

这样，相应于确定散射角 ϕ 的碰撞参量 $b(\phi)$ 由下式给出：

$$b(\phi) = 2 Z k_e e^2 / m_a v^2 f(\phi) \qquad (\text{J.8})$$

量纲分析不能告诉我们有关 $f(\phi)$ 的任何具体情形，但是（J.8）仍然给出了有关卢瑟福散射的大量信息。例如，设想我们感兴趣的只是某一固定角度 ϕ（比如说 90°）发生的散射，那么，当原子核 Ze 加倍的时候，碰撞参量也加倍，而当 α 粒子的速度 v 加倍时，碰撞参量减小到 1/4。信息量还真是不少呀！

卢瑟福使用牛顿力学计算了 α 粒子被原子核散射的轨道，他发现碰撞参量 b 和偏转角 ϕ 有如下关系：

$$b(\phi) = \frac{2Zk_ee^2}{m_\alpha v^2 \tan(\phi/2)} \qquad (\text{J.9})$$

此式与用量纲分析所得到的一般形式（J.8）相同，并进而提供量 f（ϕ）的信息：

$$f（\phi）= \tan（\phi/2）$$

式中的"tan"在三角学里称为"正切"，是一个依赖于角度的量。如果我们画一个直角三角形（即有一角是90°），两个锐角分别为θ和90°－θ，那么$\tan\theta$是对着锐角θ的边与对着锐角（90°－θ）的边之比。例如，在两锐角都等于45°的直角三角形中，此两锐角的对边长度相等，所以它们的比值为1，所以$\tan(45°)=1$。卢瑟福公式（J.9）告诉我们，当ϕ＝90°时，碰撞参量是

$$b(90°) = \frac{2Zk_ee^2}{m_a v^2}$$

这正好是（I.5）计算出的α粒子直射原子核时，最接近原子核距离的一半。

一般来说，（J.9）给出了碰撞参量与偏转角的相互关系。由直角三角形可知，$\tan\theta$在$\theta=0$时其值为零，并随θ的增大而增大，到$\theta=90°$时，b变为无穷大，因为零偏转只有在α粒子完全没有打中原子核时才可能发生；b随ϕ的增大而稳定地减小，因为碰撞发生得越近，偏转就越大，$\phi=180°$时，$b=0$，因为α粒子要想照直弹回去，必须照准原子核射去。

　　可能我们不是想知道在给定偏转角时的碰撞参量，或者不是想知道在给定碰撞参量时的偏转角，而是想计算当 α 粒子以随机碰撞参量射入金属薄箔后，α 粒子的偏转角的分布（distribution）。为了得到大于给定角度 φ 的偏转，α 粒子对金属薄箔中某些原子核的碰撞参量小于 b(φ)。因此，我们可以把 b(φ) 想象为面对入射 α 粒子流的小圆盘的半径。如果一个 α 粒子恰巧瞄准得使它（不受偏转的话）可以击中这些小圆盘之一，那么，它的偏转角就大于 φ。每一个圆盘的有效面积是 π 乘以它的半径的平方，即

$$\delta = \pi b(\phi)^2 \qquad (\text{J.10})$$

　　这个面积称为至少以角度 φ 散射的截面（cross section）。为了求出偏转角的分布，我们必须计算这些小圆盘在金属薄箔面积中所占的比例。金属薄箔的质量 M 等于单个原子的质量 m 乘以金属薄箔内原子总数 N，所以有

$$N = M/m \qquad (\text{J.11})$$

　　又，金属薄箔的质量等于它的密度 ρ（单位体积的质量）乘以它的体积，而金属薄箔的体积等于其表面积 S 与其厚度 l 的乘积，即

$$M = \rho S l \qquad (\text{J.12})$$

　　又，单个原子的质量可以表示为

$$m=A / N_0 \qquad (\text{J.13})$$

式中A是原子量，N_0是阿伏伽德罗常数，定义为$1 / N_0$等于单位原子质量的质量（$1/N_0 = 1.67 \times 10^{-27}$千克）。把（J.12）和（J.13）代入（J.11），我们可以把薄箔中的原子总数写成

$$N = \rho S l N_0 / A \qquad (\text{J.14})$$

散射后偏转角大于ϕ的概率$P(\phi)$，由金属薄箔中N个原子的N个小圆盘面积$N\sigma(\phi)$在金属薄箔的总面积S中所占的比例给出。也就是说，如果这些小圆盘不重叠的话，散射概率是

$$P(\phi) = N\sigma(\phi) / S \qquad (\text{J.15})$$

把（J.14）代入（J.15），消去S后得到

$$P(\phi) = \rho l N_0 \sigma(\phi) / A \qquad (\text{J.16})$$

这是一个非常通用的公式，适用于任何散射过程。例如，在某些（但非全部）核反应中，散射任意角度的散射截面$\sigma(0)$与该原子核的几何截面积有相同的数量级，对金原子核来说，约为2×10^{-28}米^2。金的密度约为2×10^4千克/米^3，相对原子质量是197，所以，（J.16）给出的散射概率是

$$(2 \times 10^4 \text{千克/米}^3) \times l \times (6 \times 10^{26} \text{/千克}) \times (2 \times 10^{-28} \text{米}^2) / 197 = 12l$$

　　这里 l 用米表示。对于较厚的金箔来说，$l = 10^{-3}$ 米，于是散射概率为 1.2%；对于更厚的金箔，散射概率接近于 1；也就是说，圆盘开始重叠，上述的讨论就不再适用了。

　　对于卢瑟福散射的这一特例，截面 $\sigma(\phi)$ 由（J.9）和（J.10）给出：

$$\sigma(\phi) = 4\pi Z^2 k_e^2 e^4 / m_\alpha^2 v^4 \left[\tan(\phi/2)\right]^2 \qquad (\text{J.17})$$

　　由此可知，散射角大于或等于 ϕ 的概率（J.16）正比于 $1/[\tan(\phi/2)]^2$。这一关系的证明，肯定了作用于 α 粒子上的力确实正比于距离平方的倒数。（特别要指出的是，如果核电荷散布于很大的体积上，散射截面和散射概率会当 ϕ 趋近 180° 时，更快地变成零。）此外，利用（J.16）和（J.17）我们得知，散射概率正比于 Z^2，所以，测量任何给定角度下的散射概率，都能求出核电荷的值。

K　动量守恒和粒子碰撞

　　本节我们将描述动量守恒原理，并利用这个原理来分析对碰（head on collision）中各粒子速度之间的关系。

　　牛顿第二运动定律最常用的形式是

$$F = ma$$

　　式中，F 是作用于质量为 m 的粒子上的力，a 是粒子获得的加速度。

加速度是速度的变化率，质量是常数，所以 ma 是质量 m 与速度 v 的乘积的变化率：

$$F = mv \text{ 的变化率} \tag{K.1}$$

式中 mv 称为该粒子的动量（momentum）。像速度和力一样，动量也是矢量，由它沿相互垂直的三个方向（如北、东和上）上的三个分量来决定。

关于动量，最重要的事实是它守恒。例如，两个粒子 A、B 相互碰撞，B 作用于 A 上的力由（K.1）给出：

$$F_{BA} = m_A v_A \text{ 的变化率}$$

A 作用于 B 上的力是

$$F_{AB} = m_B v_B \text{ 的变化率}$$

189　　　由牛顿第三运动定律（作用力等于反作用力但方向相反）可知

$$F_{BA} = -F_{AB}$$

负号表示两个力的方向相反。因此

$$m_A v_A \text{ 的变化率} = -m_B v_B \text{ 的变化率}$$

或者换种方法说

$$m_A v_A \text{的变化率} + m_B v_B \text{的变化率} = 0 \qquad (\text{K.2})$$

也就是说，两个粒子的总动量 $m_A v_A + m_B v_B$ 的每一个分量都是守恒的，碰撞前后总动量不变。

现在，我们把这一原理应用到对碰上。在对碰过程中，两个粒子沿着它们接近的同一方向反弹回去。在这一简单情形下，我们只需关心动量和速度在这个方向上的分量。我们用脚标0和1分别表示碰撞前后的速度，于是由（K.2）可以得到

$$m_A v_{A_0} + m_B v_{B_0} = m_A v_{A_1} + m_B v_{B_1} \qquad (\text{K.3})$$

我们还要利用另一个条件：如果碰撞时粒子没有变化，则不仅动量守恒，粒子的动能也守恒：

$$\frac{1}{2} m_A v_{A_0}{}^2 + \frac{1}{2} m_B v_{B_0}{}^2 = \frac{1}{2} m_A v_{A_1}{}^2 + \frac{1}{2} m_B v_{B_1}{}^2 \qquad (\text{K.4})$$

在一般情形下，初速度 v_{A_0} 和 v_{B_0} 是已知的，我们要求解的是末速度 v_{A_1} 和 v_{B_1}。由两个方程解两个未知数，一般可以得到一个解。

为了解这两个方程，先由（K.3）求出 v_{B_1}：

$$v_{B_1} = R\left(v_{A_0} - v_{A_1}\right) + v_{B_0} \qquad (\text{K.5})$$

式中 R 是质量比：

$$R = m_A/m_B \qquad (\text{K}.6)$$

（K.4）除以 $mB/2$，再将求出的 v_{B_1} 代入：

$$Rv_{A_0}{}^2 + v_{B_0}{}^2 = Rv_{A_1}{}^2 + \left[R\left(v_{A_0} - v_{A_1}\right) + v_{B_0} \right]^2 =$$

$$Rv_{A_1}{}^2 + R^2\left(v_{A_0}{}^2 - 2v_{A_0}v_{A_1} + v_{A_0}{}^2\right) + 2R\left(v_{A_0} - v_{A_1}\right)v_{B_0} + v_{B_0}{}^2$$

从上式两边消去 $v_{B_0}{}^2$ 后，再除以 R，得

$$v_{A_0}{}^2 = v_{A_1}{}^2 + R(v_{A0}{}^2 - 2v_{A_0}v_{A_1} + v_{A_1}{}^2) + 2(v_{A_0} - v_{A_1})v_{B_0}$$

整理上式，将所有与未知量 v_{A_1} 有同样关系的项合并在一起，得

$$0 = (R+1)v_{A_1}{}^2 - 2(Rv_{A_0} + v_{B_0})v_{A_1} + (R-1)v_{A_0}{}^2 + 2v_{A_0}v_{B_0} \qquad (\text{K}.7)$$

190   这是一个二次方程，因此有两个解。其中的一个解可以一眼看出来：当 $v_{A_1} = v_{A_0}$ 时显然可以满足（K.7）。说它"显然"，是因为它明显地代表在碰撞中什么也没有发生的可能性，这时能量和动量当然都是守恒的。但这不是我们感兴趣的解，我们希望求出的是：末速度不同于初速度情况下末速度的值。尽管如此，知道了二次方程的一个解，对于寻找另一个解总会有很大的帮助。因为（K.7）的右边是 v_{A_1} 的二次式，并且在 $v_{A_1} = v_{A_0}$ 时为零，而 $v_{A_1}{}^2$ 项的系数是（$R+1$），因此可以写成如下的形式：

$$(R+1)v^2 - 2(Rv_{A_0} + v_{B_0})v + (R-1)v_{A_0}{}^2 + 2v_{A_0}v_{B_0} =$$

$$(R+1)(v - v_{A_0})(v - u) \qquad (\text{K.8})$$

我们在这儿把 v_{A_1} 换成 v，为的是强调这个恒等式对 v 的任意值都适用，并不仅仅对满足（K.7）的 v_{A_1} 才成立。为了求出 u，我们只需对任何 v 值，例如 $v=0$，使上式两边相等即可，由此得出

$$(R-1)v_{A_0}{}^2 + 2v_{A_0}v_{B_0} = (R+1)v_{A_0}u$$

取 $v = v_{A_1}$（不同于 v_{A_0}）使（K.8）两边为零，就得到 u：

$$v_{A_1} = u = [(R-1)v_{A_0} + 2v_{B_0}]/(R+1)$$

用 R 的定义（K.6），这个结果可以写成更明确的形式：

$$v_{A_1} = [(m_A - m_B)v_{A_0} + 2m_B v_{B_0}]/(m_A + m_B) \qquad (\text{K.9})$$

把此式代入（K.5），得到另一个末速度

$$v_{B_1} = [2m_A v_{A_0} + (m_B - m_A)v_{B_0}]/(m_A + m_B) \qquad (\text{K.10})$$

由上两个解可以明显看出它们的对称性：除了 v_{A_0} 与 v_{B_0}、m_B 与 m_A 互换以外，v_{B_1} 和 v_{A_1} 的形式完全相同。

有一种特殊情形经常发生，在这里值得特别提出。如果两个粒子中的一个，例如A粒子，最初是静止的，即 $v_{A_0} = 0$，于是入射粒子B的末速度是：

$$v_{B_1} = \left(\frac{m_B - m_A}{m_B + m_A} \right) v_{B_0} \qquad (\text{K.11})$$

靶粒子A的反冲速度是：

$$v_{A_1} = \left(\frac{2m_B}{m_B + m_A} \right) v_{B_0} \qquad (\text{K.12})$$

注意：(K.12) 中 v_{B_0} 的系数总是正的，这一点与 (K.11) 不一样，所以我们可以找到一个直观上合理的结果，即靶粒子绝不会沿着与入射粒子初始运动方向相反的方向反冲。

这些结果在本书讨论的许多发现中都起了重要作用。下面举几个例子。

1.**气体压强**。如果粒子B撞到一个重很多的物体A上，那么粒子B的反冲速度由 (K.11) 给出，其中 m_A 远大于 m_B，在极限情形下，与 m_A 相比，m_B 可以忽略不计，于是可得到 $v_{B_1} = -v_{B_0}$。这就是说，入射粒子仅以大小相同、方向相反的速度反冲。另外，在这种极限情况下，(K.12) 表明靶A的反冲速度可以略去不计。如果A不是粒子，而是容纳像B粒子的气体的容器壁，上面的结果同样适用，就如本书附录F中所证明的，迎面碰撞器壁的气体粒子，以原来的速度但方向相反地反冲回去。

2.**卢瑟福散射**。1911年，盖革和马斯登在观测中发现，轰击金箔的α粒子偶尔会直接向后反冲。但是（K.11）表明，只有（$m_B - m_A$）为负值，即m_B小于m_A时，入射粒子B碰上一个静止粒子A，B才会反冲回去（即v_{B_1}与v_{B_0}符号相反）。因此，卢瑟福可以得出结论说，α粒子或者撞上了某种比它重的粒子，或者撞到某个以较大速度运动的粒子上。为了处理第二种可能性，我们要注意，根据（K.10），在一个入射粒子B和一个较轻的靶粒子A的对碰中，只有当A正以速度

$$\left| v_{A_0} \right| > \left(\frac{m_B - m_A}{2m_A} \right) \left| v_{B_0} \right|^1 \quad \text{（K.13）}$$

向B运动时，粒子B才会直接反弹回去。例如，一个α粒子的质量是电子质量的7296.3倍，所以，当α粒子与电子对撞时，只有在电子的速度是α粒子初速的3647.6倍时，α粒子才可能直接反冲回去。这似乎是不可能的，所以人们可以得出结论说，α粒子必然撞上了比它重得多的某种粒子，卢瑟福把它认定为原子核。

3.**中子散射中的核反冲**。查德威克在观测中发现，暴露在α辐射中的铍所产生的射线，能够使与这些射线相撞的原子核反冲，反冲速度对相对原子质量A不同的原子核来说，应正比于如下的量：

$$\frac{1}{A_0 + A_1} \quad \text{（K.14）}$$

式中的A_0是一个接近于1的常数，这正是我们从（K.12）中期待

1.式中竖线表示绝对值（*absolute values*），即只关注v_{A_0}和v_{B_0}的大小，而不论其正负如何。

的结果。一个以确定速度 v_{B_0} 入射的粒子 B，撞在各种静止的靶粒子 A 上，则这些靶粒子将以正比于 $1/(m_B+m_A)$ 的速度反冲，也就是正比于（K.14）。这里入射粒子的原子量是 A_0，靶粒子的相对原子质量是 A。因此，查德威克从测量中可以得出结论，铍射线里的中性粒子的相对原子质量必然等于（K.14）中的常数 A_0，因而接近于1。这是正确的结论，这些粒子称为中子，相对原子质量是1.009。

这里对动量的讨论，仅适用于运动速度远小于光速的粒子。爱因斯坦在1905年证明，对于速度较高的粒子，动量的定义必须改变 —— 但这是另一本书的主题。

192 L　本书使用的物理量单位

物理量	单位	缩写
长度（Length）	米（meter）	m
时间（Time）	秒（second）	s
质量（Mass）	千克（kilogram）	kg
力（Force）	牛顿（newton）	N
能量（Energy）	焦耳（joule）	J
电荷（Electric charge）	库仑（coulomb）	C
电流（Electric current）	安培（ampere）	A
电势（Electric potential）	伏特（volt）	V
绝对温度（Absolute temperature）	开（degrees Kelvin）	K
热能（Heat energy）	卡路里（calorie）	cal

M 本书使用的一些常数

物理量	符号	数值
光速（Speed of light）	c	2.99792458×10^8 m/s
静电常数（Electrostatic constant）	ke	8.9897552×10^9 N · m^2/C
电荷（Electronic charge）	e	$1.6021765 \times 10^{-19}$ C
电子伏特（Electron volt）	eV	$1.6021765 \times 10^{-19}$ J
法拉第（Faraday）	N_0e	$e96485.3$ C · mol^{-1}
阿伏伽德罗常数（Avogadro'snumber）	N_0	6.022142×10^{23}mol^{-1}
单位原子质量（Mass of unitatomic weight）	m_1	1.660539×10^{-27} kg
电子质量（Mass of electron）	m_e	9.109382×10^{-31} kg
质子质量（Mass of proton）	m_p	1.672622×10^{-27} kg
中子质量（Mass of neutron）	m_n	1.67493×10^{-27} kg
恒星年［Sidereal year（2001）］	yr	31558149.8 s
地球表面重力加速度（Terrestrial acceleration by gravity）	g	9.806 m/s^2
引力常数（Gravitational constant）	G	6.67×10^{-11} N·m^2/ kg^2
玻尔兹曼常数（Boltzmann's constant）	k	1.38065×10^{-23} J / K
圆周/直径比（Circumference/ diameter ratio）	π	3.1415927
$\lim_{\delta \to 0}(1+\delta)^{1/\delta}$	e	2.7182818

资料来源："Review of Particle Physics"，K. Hagiwara et al., *Physical Review*，D 66,010001（2001）。每一数值的误差在小数点最后一位上不大于1。

¹⁹³ **N 化学元素表**

元素	符号	原子序数	相对原子质量
氢（Hydrogen）	H	1	1.0079
氦（Helium）	He	2	4.00260
锂（Lithium）	Li	3	6.941
铍（Beryllium）	Be	4	9.01218
硼（Boron）	B	5	10.81
碳（Carbon）	C	6	12.011
氮（Nitrogen）	N	7	14.0067
氧（Oxygen）	O	8	15.9994
氟（Fluorine）	F	9	18.998403
氖（Neon）	Ne	10	20.179
钠（Sodium）	Na	11	22.98977
镁（Magnesium）	Mg	12	24.305
铝（Aluminum）	Al	13	26.98154
硅（Silicon）	Si	14	28.0855
磷（Phosphorus）	P	15	30.97376
硫（Sulfur）	S	16	32.06
氯（Chlorine）	Cl	17	35.453
氩（Argon）	Ar	18	39.948
钾（Potassium）	K	19	39.0983
钙（Calcium）	Ca	20	40.08
钪（Scandium）	Sc	21	44.9559
钛（Titanium）	Ti	22	47.90
钒（Vanadium）	V	23	50.9415
铬（Chromium）	Cr	24	51.996
锰（Manganese）	Mn	25	54.9380
铁（Iron）	Fe	26	55.847
钴（Cobalt）	Co	27	58.9332
镍（Nickel）	Ni	28	58.70
铜（Copper）	Cu	29	63.546
锌（Zinc）	Zn	30	65.38
镓（Gallium）	Ga	31	69.72
锗（Germanium）	Ge	32	72.59

续表1

元素	符号	原子序数	相对原子质量
砷（Arsenic）	As	33	74.9216
硒（Selenium）	Se	34	78.96
溴（Bromine）	Br	35	79.904
氪（Krypton）	Kr	36	83.80
铷（Rubidium）	Rb	37	85.4678
锶（Strontium）	Sr	38	87.62
钇（Yttrium）	Y	39	88.9059
锆（Zirconium）	Zr	40	91.22
铌［Niobium（Columbium）］	Nb	41	92.9064
钼（Molybdenum）	Mo	42	95.94
锝（Technetium）	Tc	43	97
钌（Ruthenium）	Ru	44	101.07
铑（Rhodium）	Rh	45	102.9055
钯（Palladium）	Pd	46	106.4
银（Silver）	Ag	47	107.868
镉（Cadmium）	Cd	48	112.41
铟（Indium）	In	49	114.82
锡（Tin）	Sn	50	118.69
锑（Antimony）	Sb	51	121.75
碲（Tellurium）	Te	52	127.60
碘（Iodine）	I	53	126.9045
氙（Xenon）	Xe	54	131.30
铯（Cesium）	Cs	55	132.9054
钡（Barium）	Ba	56	137.33
镧（Lanthanum）	La	57	138.9055
铈（Cerium）	Ce	58	140.12
镨（Praseodymium）	Pr	59	140.9077
钕（Neodymium）	Nd	60	144.24
钷（Promethium）	Pm	61	145
钐（Samarium）	Sm	62	150.4
铕（Europium）	Eu	63	151.96
钆（Gadolinium）	Gd	64	157.25

194

续表2

元素	符号	原子序数	相对原子质量
铽（Terbium）	Tb	65	158.9254
镝（Dysprosium）	Dy	66	162.50
钬（Holmium）	Ho	67	164.9304
铒（Erbium）	Er	68	167.26
铥（Thulium）	Tm	69	168.9342
镱（Ytterbium）	Yb	70	173.04
镥（Lutetium）	Lu	71	174.967
铪（Hafnium）	Hf	72	178.49
钽（Tantalum）	Ta	73	180.9479
钨（Tungsten）	W	74	183.85
铼（Rhenium）	Re	75	186.2
锇（Osmium）	Os	76	190.2
铱（Iridium）	Ir	77	192.22
铂（Platinum）	Pt	78	195.09
金（Gold）	Au	79	196.9665
汞（Mercury）	Hg	80	200.59
铊（Thallium）	Tl	81	204.37
铅（Lead）	Pb	82	207.2
铋（Bismuth）	Bi	83	208.9804
钋（Poromum）	Po	84	209
砹（Asatine）	At	85	210
氡（Radon）	Rn	86	222
钫（Francium）	Fr	87	223
镭（Radium）	Ra	88	226.0254
锕（Actinium）	Ac	89	227.028
钍（Thorium）	Th	90	232.0381
镤（Protactinium）	Pa	91	231.0359
铀（Uranium）	U	92	238.029
镎（Neptunium）	Np	93	237.0482
钚（Plutonium）	Pu	94	244
镅（Americium）	Am	95	243

195

续表3

元素	符号	原子序数	相对原子质量
锔（Curium）	Cm	96	247
锫（Berkelium）	Bk	97	247
锎（Californium）	Cf	98	251
锿（Einsteinium）	Es	99	254
镄（Fermium）	Fm	100	257
钔（Mendelevium）	Md	101	257
锘（Nobelium）	No	102	259
铹（Lawrencium）	Lr	103	260
𬬻（Rutherfordium）	Rf	104	261
𬭊（Dubnium）	Db	105	262
𨭎（Seaborgium）	Sg	106	263
𬭛（Bohrium）	Bh	107	262
𨭆（Hassium）	Hs	108	265
䥑（Meitnerium）	Mt	109	266

表中的相对原子质量是12C原子质量的 $\frac{1}{12}$ 的相对数值，取自于：*CRC Handbook of Chemistry and Physics,*R.C.Weast和M.J.Astle编著，第62版（CRC出版社，1981—1982）.

O 进一步阅读的材料

1. D. L. Anderson, *The Discovery of the Electron*. Van Nostrand, 1964.

2. E. N. da C. Andrade, *Rutherford and the Nature of the Atom*. Doubleday, 1964.

3. R. T. Beyer, ed , *Foundations of Nuclear Physics*. Dover , 1949.

4. J. B. Birks, ed. , *Rutherford at Manchester*. Benjamin , 1965.

5. Sir James Chadwick, ed. , *The Collected Papers of Lord Rutherford of Nelson O. M. , F. R. S.* Interscience, 1963.

6. I. B. Cohen, "Conservation and the Concept of Electric Change:An Aspect of Philosophy in Relation to Physics in the Nineteenth Century, " in M. Clagett, ed. , *Critical Problems in the History of Science.* University of Wisconsin Press , 1959.

7. _____ , *Franklin and Newton.* Aemerican philosophical society , 1956.

8. J. G. Crowther, *The Cavendish Laboratory, 1874-1974.* Science History, 1974.

9. Olivier Darrigol, *Electrodynamics from Ampère to Einstein.* Oxford University Press, 2000.

10. B. Dibner, *Oersted and the Discovery of Electromagnetism.* Blaisdell , 1962.

11. A. S. Eve, *Rutherford:Being the Life and Letters of the Rt. Hon. Lord Rutherford. O. M.* Macmillan, 1939.

12. N. Feather, *Lord Rutherford.* Priory Press , 1973.

13. C. C. Gillispie, ed. , *Dicitionary of Scientific Biorgraphy.* Scribner's, 1970.

14. G. Holton, "Subelectrons, Presuppositions, and the Millikan Ehrenhaft Dispute. " in *Historical Studies in the Physical Sciences.* 9（1978）, 161.

15. A. J. Ihde, *The Development of Modern Chemistry.* Harper & Row, 1964.

16. A. I. Millerr, *Albert Einstein's Special Theory of Relativity:Emergence（1905）and Early Interpretation（1905–1911）. Addison-Wesley,* 1980.

17. Sir Mark Oliphant, *Rutherford:Recollections of the Cambridge Days.* Elsevier, 1972.

18. A. Pais, "Einstein and the Quantum Theory, " *Reviews of Modern Physics.* 51（1979）. 863.

19. _____ , "Radioactivity's Two Early Puzzles," in *Reviews of Modern Physicis,* 49（1977）, 925.

20. D. Roller and D. H. D. Roller, *The Development of the Concept of Electric Charge.*Harvard University Press, 1954.

21. R. H. *Stuewer, ed., Nuclear Physics in Retrospect:Proceedings of a Symposium on the* 1930s. University of Minnesota Press, 1979.

22. George Thomson, *J. J. Thomson: Discoverer of the Electron.* Doubleday, 1965.

23. J. J. Thomson, *Electricity and Matter:The* 1903 *Silliman Lectures.* Scribnerr's, 1906.

24. _____ , *Recollections and Reflections.* G. Bell, 1936.

25. R. A. R. Tricker,*Early Electrodynamics:The First Law of Circulation.* Pergamon Press, 1965.

26. C. Weiner, ed., *History of Twentieth Century Physics:Course LVII of the Proceedings of the International School of Physics* "*Enrico Fermi.*" Academic Press, 1977.

27. E. Whittaker, *A History of the Theories of Aether and Electricity.* Thomas Nelson, 1953.

28. Alexanderr Wood, *The Cavendish Laboratory.*Cambridge University Press, 1946.

29. *Notes and Records of the Royal Society of London,* vol.27. no, 1, August 1972.［Articles on Rutherford by Oliphant, Massey, Feather, Blackett, Lewis, Mott, O'Shea, and Adams.］.

索引

· 索引中的页码均为书中的边码

B

C

E

F

G

H

I

L

M

N

O

P

T

U

V

W

Z

注释

第 2 章

[1] J. J. Thomson, " Cathode Rays, " *Proceedings of the Royal Institution* 15 (1897), 419 ; " Cathode Rays, " *Philosophical Magazine* 44 (1897), 295 ; " Cathode Rays, " *Nature* 55 (1897), 453

[2] Plato, *Timaeus,* translated by R. G. Bury (Harvard University Press, 1929), p. 215

[3] Bede , *A History of the English Church and People* , translated by L. Sherley-Price (Penguin Books, 1955), p. 38

[4] W. Gilbert , *De magnete magnetisque corporibus, et de magno magnete telluro* (London, 1600)

[5] S. Gray, " A letter ⋯ Containing Several Experiments Concerning Electricity, " *Philosophical Transactions of the Royal Society* 37 (1731−1732), 18

[6] N. Cabeo , *Philosophia magnetica in qua magnetis natura penitus explicatur* (Ferrara, 1629)

[7] C.F.Du Fay, letter to the Duke of Richmond and Lenox concerning electricity,December 27, 1733 , published in English in *Philosophical Transactions of the Royal Society* (1734)

[8] F. U. T. Aepinus,*Testamen theoriae electricitatus et magnetismi* (St. Petersburg,1759)

[9] B. Franklin, *Experiments and Observations on Electricity, made at Philadelphia in America* (London, 1751)

[10] See, for example, A. D. Moore, ed.,*Electrostatics and its Applications* (Wiley,New York, 1973)

[11] Isaac Newton , *Philosophiae Naturalis Principia Mathematica* , translated by Andrew Motte , revised and annotated by E Cajori (University of California Press, 1966)

[12] Joseph Needham,*The Grand Titration: Science and Society in East and West* (Allen & Unwin, London, 1969)

[13] *Epistola Petri Peregrini de Maricourt ad Sygerum de Foucaucourt, Militem, De Magnete* (" Letter on the Magnet of Peter the Pilgrim of Maricourt to Sygerus of Foucaucourt, Soldier ")

[14] H. C. Oersted, Experimenta circa effectum conflictus *electriciti in acum magneticum* (Experiments on the Effects of an Electrical Conflict on the Magnetic Needle), Copenhagen, July 21, 1820. For an English translation, see *Annals of Philosophy* 16 (1820), reprinted in R. Dibner, *Oersted and the Discovery of Electromagnetism* (Blaisdell, New York, 1962)

[15] J.J.Thomson, " Cathode Rays, " *Philosophical Magazine* 44 (1897), 295

[16] W.H.Brock, " The Man Who Played With Fire " [*review of Benjamin Thompson,Count Rumford,*by Sanborn Brown] ,*New Scientist,*March 27, 1980

[17] J.J.Thomson, " Cathode Rays, " *Philosophical Magazine* 44 (1897), 295

[18] *J.J.Thomson, Recollections and Reflections* (G. Bell and Sons, London, 1936),p. 341

[19] G. J.Stoney, " Of the ' Electron ' or Atom of Electricity, " *Philosophical Magazine* 38 (1894), 418

第 3 章　[1]　N. A. Millikan , " On the Elementary Electrical Charge and the Avogadro Constant. " *Physical Review* 32（1911), 349

第 4 章　[1]　E. Rutherford and E Soddy, " The Cause and Nature of Radioactivity, " *Philosophical Magazine* Series 6 , 4（1903), 561, 576

[2]　E. Rutherford and E Soddy, " Radioactive Change ", *Philosophical Magazine* Series 6 , 5（1904), 576

[3]　H. Geiger, " On a Diffuse Reflection of the a-Particles " *Proceedings of the Royal Society* A 82（1909), 445

[4]　Quoted by E.N.da Costa Andrade, *Rutherford and the Nature ofthe Atom*（Doubleday, Garden City , N.Y. , 1964）

[5]　*Ibid*

[6]　E. Rutherford, " The Scattering of the α and β Rays and the Structure of the Atom, " *Proceedings of the Manchester Literary and Philosophical Society* IV , 55（1911), 18

[7]　E. Rutherford, " The Scattering of α and β Particles by Matter and the Structure of the Atom, " *Philosophical Magazine* Series 6 , 21, （1911), 669

[8]　H. Geiger and E.Marsden, " The Laws of Deflection of α Particles through Large Angles, " *Philosophical Magazine* Series 6 , 25（1913), 604

[9]　N.Bohr, " On the Constitution of Atoms and Molecules, " *Philosophical Magazine* Series 6 , 26（1913）, 1 , 476, 857

[10]   H. G. J. Moseley, " The High-Frequency Spectrum of the
           Elements, " *Philosophical Magazine* Series 6 , 26（ 1913 ）, 257

[11]   A. Einstein, " Zur Electrodynamik bewegter Körper, " *Annalen
           der Physik* 17（ 1905 ）, 891; " Ist die Träigheit eines Körpers von
           seinem Energieinhalt bahängig? " *ibid*.18（ 1905 ）, 639

[12]   Quoted by N. Feather , *Lord Rutherford*（ Priory Press,1973 ）.

[13]   E. Rutherford, " Collision of α Particles with Light Atoms Ⅳ .An
           Anomalous Effect in Nitrogen, " *Philosophical Magazine* Series
           6 , 37（ 1919 ）, 581

[14]   E. Rutherford, " Nuclear Constitution of Atoms, " *Proceedings of
           the Royal Society* A 97（ 1920 ）, 374

[15]   I. Curie and F.Joliot,*Comptes Rendus Acad.Sci.Paris* 194
           （ 1932 ）, 273

[16]   J. Chadwick, " The Existence of a Neutron, " *Proceedings of the
           Royal Society* A 136（ 1932 ）, 692

[17]   W. Heisenberg, " Structure of Atomic Nuclei, " *Zeitschrift für
           Physik* 77（ 1932 ）, 1 ; 78（ 1932 ）, 156 ; 80（ 1932 ）, 587

[18]   M. A. Tuve,N.Heydenberg,and L.R.Hafstad, " The Scattering of
           Protons by Protons " *Physical Review* 50（ 1936 ）, 806 .Also see
           G.Breit,E.U.Condon,and R.D.Present, " Theory of Scattering of
           Protons by Protons, " *ibid.*50（ 1936 ）, 825

[19]   G. Breit and E.Feenberg, " The Possibility of the Same Form of
           Specific Interactions for all Nuclear Particles, " *Physical Review*
           50（ 1936 ）, 850

[20]　E. Fermi, " Versuch einer Theorie der β -Strahlen, " *Zeitschrift für Physik* 88 (1934),161

[21]　O.Hahn and F. Strassmann, " Über den Nachweis and das Verhalten der bei der Bestrahlung des Urans mittels Neutronen entstehenden Erdalkalimetalle, " *Die Naturwissenschaften* 27 (1939),11